Shaibu Baanni Azumah

O efeito do crédito no desenvolvimento do agronegócio no norte do Gana

Shaibu Baanni Azumah

O efeito do crédito no desenvolvimento do agronegócio no norte do Gana

Um caso do regime de crédito MiDA em empresas seleccionadas na metrópole de Tamale

ScienciaScripts

Imprint

Cover image: www.ingimage.com

This book is a translation from the original published under ISBN 978-3-330-08929-7.

Publisher:
Sciencia Scripts
is a trademark of
Dodo Books Indian Ocean Ltd. and OmniScriptum S.R.L publishing group

120 High Road, East Finchley, London, N2 9ED, United Kingdom
Str. Armeneasca 28/1, office 1, Chisinau MD-2012, Republic of Moldova, Europe
Printed at: see last page
ISBN: 978-620-7-44282-9

ÍNDICE DE CONTEÚDOS

RESUMO

Os serviços financeiros e o microcrédito destinam-se aos pobres para melhorar os seus meios de subsistência. Vários projectos surgiram e desapareceram, mas a situação de pobreza não parece ter melhorado. O MiDA CDFO teve início em fevereiro de 2007 e terminou em novembro de 2011. Este programa tinha como principal objetivo comercializar a agricultura de subsistência e as agro-indústrias através da abordagem da cadeia de valor, de modo a melhorar os meios de subsistência dos beneficiários. O objetivo do estudo era determinar os efeitos do crédito na agroindústria no norte do Gana, utilizando o programa de crédito MiDA CDFO na metrópole de Tamale como estudo de caso. Para o efeito, foram utilizados métodos de amostragem intencionais e aleatórios simples para selecionar 120 inquiridos de seis grupos de beneficiários. Foram recolhidos dados primários e secundários para o estudo.

A transformação de arroz, a extração de manteiga de carité e a agricultura foram as principais actividades agro-industriais identificadas. O crédito era atempado mas inadequado para a maioria dos beneficiários. 75% dos inquiridos concordaram que o crédito que lhes foi concedido, principalmente em grupo, era de difícil acesso. O crédito teve um impacto significativo no consumo, como concordam 95,8% dos inquiridos. Os rendimentos e os níveis de poupança dos beneficiários também registaram uma ligeira melhoria. 75,8% dos inquiridos concordaram que o crédito melhorou as suas empresas.

O esquema de crédito MiDA CDFO era geralmente bom e oportuno, e deveria ser mantido e alargado para que outros pudessem também beneficiar.

DEDICAÇÃO

Dedico este trabalho à minha adorável esposa, Olivia Abakisi, e ao meu filho, Wuntima Azumah Baanni.

RECONHECIMENTO

O meu primeiro agradecimento vai para o meu supervisor, Sr. Abdul-Aziz Ibn Musah, pelas suas críticas construtivas, sugestões e conselhos que levaram à conclusão deste estudo.

Agradeço também o trabalho de todos os professores e funcionários do programa CEMBA pelos seus conselhos e encorajamentos.

Agradeço também calorosamente à minha mulher pelo seu papel na minha vida.

LISTA DE ABREVIATURAS

1. ADB – Agricultural Development Bank
2. CDFO – Commercial Development of Farmer-Based Organizations
3. CGAP – Consultative Group to Assist the Poorest
4. DBSA - Development Bank of South Africa
5. FAO – Food and Agriculture Organization
6. FBOs – Farmer-Based Organizations
7. FGD – Focus Group Discussion
8. IFAD – International Fund for Agriculture Development
9. IFPRI – International Food Policy Research Institute
10. LACOSREP – Land Conservation and Smallholder Rehabilitation Project
11. MCA – Millennium Challenge Account
12. MDGs – Millennium Development Goals
13. MFIs – Micro Finance Institutions
14. MiDA – Millennium Development Authority
15. MoFA – Ministry of Food and Agriculture
16. NGOs – Non-Governmental Organizations
17. PBOs – Processor-Based organizations
18. SPSS – Statistical Package for Social Scientists
19. TTSP – Technical and Training Service Provider
20. CARD – Center for Agriculture and Rural Development

CAPÍTULO UM
INTRODUÇÃO

Este capítulo apresenta uma introdução ao estudo. A introdução é feita sob os seguintes subtítulos: A informação de base, A Declaração do Problema, Os Objectivos da Investigação, Questões de Investigação, O Âmbito do Estudo, Significado do Estudo e Limitações do Estudo.

1.1 Informações de base

Apesar das numerosas intervenções e estratégias adoptadas para reduzir a pobreza, o microcrédito continua a ser considerado como uma das principais estratégias de redução da pobreza, especialmente a nível rural. O crédito tornou-se um dos principais instrumentos políticos destinados às pessoas pobres para elevar o seu nível de vida e melhorar o seu bem-estar geral. Tanto a nível nacional como a nível das bases, várias organizações governamentais e não governamentais têm prestado serviços de crédito como estratégia de redução da pobreza através da melhoria das actividades agro-industriais. Um desses esforços é o esquema de crédito da Autoridade de Desenvolvimento do Milénio (MiDA), concebido para o Desenvolvimento Comercial de Organizações Baseadas em Agricultores (CDFO) para Organizações Baseadas em Agricultores (FBOs) e Organizações Baseadas em Processadores (PBOs) na Região Norte do Gana.

A Autoridade para o Desenvolvimento do Milénio, através da Conta do Desafio do Milénio (MCA) dos Estados Unidos da América, concebeu o projeto CDFO para cumprir o objetivo 1 do Desenvolvimento do Milénio, que é "Erradicar a pobreza extrema e a fome até ao ano 2015". O projeto foi concebido para ajudar as pessoas pobres da área de estudo a melhorar o seu nível de vida e a resolver o problema da subnutrição através da expansão de microempresas, da produção agrícola e da facilitação do acesso ao crédito, com vista a atingir níveis satisfatórios de criação de riqueza.

O clima político estável e pacífico do Gana apoia um ambiente político conducente ao progresso económico e social e à redução da pobreza. De acordo com o FIDA, a taxa de pobreza do país diminuiu quase para metade desde 1991. No entanto, apesar destes muitos êxitos, a população rural do Gana continua a enfrentar alguns desafios.

As taxas de pobreza no país não estão distribuídas de forma homogénea. As estimativas mais recentes do Serviço de Estatística do Gana (GSS) sugerem que cerca de 40% da população rural é pobre, enquanto 10% da população urbana vive abaixo do limiar de pobreza.

Cinco das dez regiões do Gana tinham mais de 40% da sua população a viver na pobreza em 1999 (Agenda para o Crescimento e a Prosperidade, 2002 - 2004). Utilizando o índice de contagem de efectivos, as regiões mais afectadas são as três regiões setentrionais (Upper East, Upper West e Northern regions). Em 1999, cerca de sete em cada dez pessoas da região norte do Gana estavam classificadas como pobres (ibid). Embora a taxa de pobreza global do Gana tenha diminuído, as três regiões setentrionais registaram apenas reduções marginais. As taxas de pobreza nestas regiões tendem a ser três vezes superiores à média nacional e a insegurança alimentar crónica continua a ser um desafio crítico.

Esta situação de pobreza pode ser atribuída a sistemas agrícolas deficientes, caracterizados por padrões de pluviosidade pobres, solos pobres e menos oportunidades económicas.

Os factores acima referidos culminam numa baixa produtividade e nos rendimentos das famílias. O projeto MiDA CDFO foi, por isso, concebido para travar estas situações adversas, fornecendo formação técnica e crédito para actividades agrícolas e não agrícolas, promovendo a utilização eficiente das terras aráveis disponíveis, encorajando uma utilização equilibrada dos recursos hídricos e introduzindo tecnologias ambientalmente correctas que inverteriam o declínio da fertilidade do solo e minimizariam a sua erosão.

O projeto MiDA começou oficialmente em fevereiro de 2007 e terminou oficialmente em fevereiro de 2012. No entanto, o projeto CDFO que forneceu os créditos terminou oficialmente em novembro de 2011.

O estudo tinha como objetivo descobrir os efeitos do esquema de crédito MiDA CDFO na agroindústria no norte do Gana.

1.2 A declaração do problema

A região norte do Gana caracteriza-se por um regime pluviométrico deficiente, práticas ecológicas deficientes e uma fertilidade dos solos em declínio (sítio Web do MNE). Os pequenos agricultores têm um acesso muito limitado a tecnologias vitais, como a irrigação, os fertilizantes e as sementes melhoradas, que poderiam aumentar substancialmente os rendimentos. Consequentemente, a agricultura e outras actividades agrícolas estão a tornar-se cada vez mais difíceis e arriscadas. Este facto agravou a situação de insegurança alimentar e de pobreza nesta parte do Gana. No entanto, para salvar a situação, os pequenos agricultores, a maioria dos quais organizados em grupos denominados FBO/PBO, diversificaram as suas fontes de rendimento, dedicando-se a pequenas empresas agrícolas e microempresas como a transformação de arroz, a transformação de manteiga de karité e a extração de óleo de amendoim. A maioria destes clientes não tem acesso a serviços financeiros adequados e atempados, o que afecta a sua produtividade e, em grande medida, os seus meios de subsistência. Os serviços financeiros e o microcrédito destinam-se aos pobres para melhorar os seus meios de subsistência. Mas será que o crédito MiDA CDFO melhorou efetivamente os meios de subsistência dos seus beneficiários? Vários projectos surgiram e desapareceram, mas a situação de pobreza não parece ter melhorado. O projeto MiDA CDFO também surgiu com o objetivo principal de comercializar a agricultura de subsistência e as agro-indústrias através de uma abordagem de cadeia de valor, de modo a melhorar os meios de subsistência dos seus beneficiários.

1.3 Os objectivos da investigação

O principal objetivo do estudo é determinar os efeitos do crédito na agroindústria no norte do Gana.

Os objectivos específicos são:

1. Determinar se o crédito era facilmente acessível;
2. Avaliar o modo como o crédito foi desembolsado;
3. Avaliar a oportunidade e a adequação do crédito concedido aos beneficiários; e
4. Determinar os efeitos do crédito sobre o consumo/despesas, o rendimento, a expansão das empresas e a poupança.

1.4 Questões de investigação

1. O crédito era facilmente acessível?
2. De que modo foi o crédito concedido aos clientes?
3. O crédito foi entregue atempadamente e de forma adequada?
4. O crédito melhorou o consumo, o rendimento, a expansão do negócio e a poupança dos clientes?

1.5 Importância do estudo

É geralmente aceite a nível mundial pelos decisores políticos que as pessoas pobres nos países em desenvolvimento não têm acesso adequado a facilidades de microcrédito (Zeller et al, 1997). Este acesso inadequado ao crédito tem afetado grandemente os meios de subsistência das famílias pobres, resultando em baixos rendimentos, baixo capital, baixa poupança e baixa produtividade.

O microcrédito é atualmente um instrumento de eleição da política de desenvolvimento em todo o mundo. É visto como a via mais promissora para a redução da pobreza, o emprego para as gerações futuras e a estimulação de um sector privado indígena dinâmico (IPPR, 1994).

A extensão do microcrédito com base em grupos de base passou a ser vista como a tecnologia de empréstimo mais promissora para chegar aos potenciais mutuários pobres (ibid). O papel das instituições formais e informais que concedem créditos aos agricultores e a outros que se dedicam a microempresas é fundamental para mitigar a pobreza na área de estudo.

Por conseguinte, é importante documentar o impacto de tais esquemas de crédito nas empresas agro-industriais e nos meios de subsistência dos beneficiários como um todo. Isto forneceria documentação sobre o que foi alcançado até agora, assim como ajudaria a examinar a eficácia ou não do esquema de crédito MiDA CDFO. Isto também forneceria uma visão sobre o desenvolvimento futuro de tais esquemas.

1.6 Âmbito do estudo

O estudo centrou-se nos efeitos dos créditos na agroindústria no norte do Gana. Abrangeu apenas os beneficiários do regime de crédito MiDA CDFO na metrópole de Tamale.

1.7 Limitações do estudo

S vários desafios e constrangimentos confrontam o trabalho de investigação. No entanto, para este estudo, o desafio mais sério foi o facto de alguns beneficiários não estarem disponíveis para a entrevista, uma vez que estavam muito empenhados nos seus negócios. A elevada taxa de analfabetismo entre os inquiridos também constituiu um grande desafio, uma vez que era necessário muito tempo para administrar um questionário. Alguns grupos foram totalmente dissolvidos e os seus membros não puderam ser localizados. O investigador também teve problemas de recolha e gestão de dados, uma vez que foram solicitados os serviços de assistentes de investigação para administrar os questionários. A exatidão da análise baseou-se nos dados fornecidos pelos inquiridos.

1.8 Organização do estudo

O estudo foi organizado em cinco capítulos. O primeiro capítulo apresenta uma introdução ao estudo. O capítulo dois foi utilizado para analisar a literatura crítica necessária ao estudo. O capítulo três apresentou a metodologia para a realização do estudo. O quarto capítulo analisa os resultados do estudo. Finalmente, o quinto capítulo foi utilizado para resumir os resultados do estudo, tirar conclusões e apresentar recomendações para as partes interessadas adequadas.

CAPÍTULO DOIS

REVISÃO DA LITERATURA

2.0 Introdução

É evidente que foram efectuados muitos estudos sobre o crédito. Este facto tem uma influência profunda no presente estudo. Este capítulo analisou estes estudos para fornecer algumas informações de base relevantes para o estudo e serviu de guia para a realização da investigação.

2.1 Definição de crédito

Adegeye e Dittoh (1985) definem o crédito como o processo de obtenção de controlo sobre a utilização de dinheiro, bens e serviços no presente em troca de uma promessa de reembolso numa data futura.

De acordo com Ledgerwood (1999), o microcrédito refere-se à prestação de assistência financeira a clientes com baixos rendimentos, incluindo os trabalhadores por conta própria.

Além disso, o The Concise Oxford English Dictionary (2008) define o microcrédito como o empréstimo de pequenas quantias de dinheiro, geralmente com juros baixos, a novas empresas nos países em desenvolvimento. O The Concise Oxford English Dictionary (2008) define ainda crédito como a capacidade de um cliente obter bens e serviços antes do pagamento, com base na confiança de que o pagamento será efectuado no futuro.

O crédito é a confiança que permite que uma parte forneça recursos a outra parte, em que a segunda parte não reembolsa a primeira imediatamente (gerando assim uma dívida), mas, em vez disso, combina reembolsar ou devolver esses recursos (ou outros materiais de igual valor) numa data posterior (Wikipedia.org). Os recursos fornecidos podem ser financeiros (por exemplo, a concessão de um empréstimo), ou podem consistir em bens ou serviços (por exemplo, crédito ao consumo) (Wikipedia.org). De acordo com Steven M. Sheffrin (2003), o crédito engloba qualquer forma de pagamento diferido. O crédito é concedido por um credor, também conhecido como mutuante, a um devedor, também conhecido como mutuário.

O crédito não requer necessariamente dinheiro. O conceito de crédito também pode ser aplicado nas economias de troca direta de bens e serviços (Ingham 2004 p.12-19). No entanto, nas sociedades modernas, o crédito é geralmente denominado por uma unidade de conta (Wikipedia.org). Ao contrário do dinheiro, o crédito em si não pode atuar como uma unidade de conta. A Enciclopédia Encarta Standard (2004) define o crédito como transacções que envolvem a transferência de dinheiro ou de outros bens sob promessa de reembolso, geralmente numa data futura fixa, enquanto Miler (1977) definiu o crédito como a capacidade de obter o título e receber bens para utilização no presente, embora o pagamento seja diferido para uma data posterior.

2.2 Importância do crédito

O crédito é muito importante para a redução da pobreza. Este facto é amplamente aceite pelos decisores políticos em todo o mundo, daí a razão pela qual o microcrédito é utilizado como um instrumento para aliviar a pobreza. A disponibilização de crédito aos empresários pobres em recursos ajuda, por conseguinte, a concretizar o aumento potencial da produtividade, o que, a longo prazo, os ajudará a sair da pobreza.

De acordo com Kodwo Ewusi (1990), a principal forma de o crédito estimular o crescimento da agricultura e das empresas com ela relacionadas é a sua contribuição para a modernização do sector. Espera-se que os beneficiários utilizem os fundos obtidos para adquirir os recursos necessários às suas empresas, combinando-os com a mão de obra para aumentar a produtividade.

De acordo com Sadhu e Singh (1995), um dos principais requisitos de qualquer crédito é que seja um "crédito dinâmico", ou seja, um crédito em que, no final do período de crédito, se verifique uma melhoria da produção e dos rendimentos ou activos do beneficiário, de modo a que o reembolso do crédito seja efectuado a partir dos rendimentos gerados pela utilização do crédito. Por conseguinte, é necessário que o montante do crédito e as condições em que o mesmo é concedido promovam o desenvolvimento.

Um dos factores importantes para a produção e a ocupação é o capital (Mohammad A. et al, 2011). Nas sociedades em desenvolvimento, em que a maior parte dos seus exploradores são principiantes, os projectos de empréstimo e de crédito são uma ferramenta adequada para aceder a objectivos como o aumento da eficiência e a eliminação da privação da sociedade rural. Mas, por um lado, precisamos de créditos para fazer mudanças tecnológicas nas actividades produtivas e, por outro lado, precisamos de tecnologias técnicas adequadas para utilizar os créditos com a máxima eficiência (ibid). (Fani,1999). Assim, os créditos, para além da tecnologia e das competências de produção técnica, são complementares entre si. Entre os objectivos dos programas de crédito, podemos mencionar o aumento da eficiência na atividade, o emprego, a estabilização da ocupação que enfrentou uma crise financeira, o aumento do nível de rendimento e do nível de vida dos exploradores, a capacitação dos aldeões e dos exploradores novatos e também a quebra do ciclo de privação na sociedade e nas famílias rurais (Rahmani, 2001). Assim, se o crédito for utilizado como um quadro de programa coerente e inclusivo e for considerado com base na necessidade, no poder e no reforço do seu nível de proficiência, poderemos ter acesso aos objectivos acima mencionados e também poderemos preparar uma tecnologia adequada de produção e atividade com o crédito exigido (Mohammad A. et al, 2011).

Além disso, a eficiência da produção e dos serviços será colocada a um nível aceitável. Esta abordagem sistemática pode salvar o explorador do ciclo de privação e pobreza.

Investigações realizadas em países como o Paquistão, a Índia e o Irão mostraram que os créditos investidos em actividades produtivas eram adequados se fossem utilizados com tecnologia apropriada. Assim, os créditos não seriam eficazes se fossem concedidos exclusivamente ao explorador e sem ter em conta as suas necessidades de competências (Amiri, 2000). O resultado é que, numa primeira fase, o explorador não pode aceder às condições desejáveis de eficiência da produção. Em segundo lugar, seria incapaz de reembolsar o empréstimo. Em terceiro lugar, a sua atividade não tem consistência. Em quarto lugar, uma parte considerável dos créditos fornecidos sairia do ciclo de produção devido à incapacidade do explorador e à falta de competências do explorador. As suas competências técnicas e profissionais melhorariam, se o crédito fosse concedido ao explorador como um programa de crédito, e se ele soubesse e pudesse aplicar o empréstimo de forma adequada e atempada para a produção e a atividade, pelo que as condições de produção e o nível de rendimento e o nível de vida melhorariam (Rahmani, 2001).

A análise da literatura também aponta para várias conclusões específicas sobre o impacto do microfinanciamento na redução da pobreza. Os dados mostram o impacto positivo do microfinanciamento na redução da pobreza no que se refere aos primeiros seis dos sete Objectivos do Milénio. Embora a qualidade de muitos estudos possa ser melhorada, existe uma quantidade esmagadora de provas que comprovam um efeito benéfico sobre Aumentos do rendimento (Wright 2000; UNICEF 1997; Khandker 2001, 1998); e Reduções da vulnerabilidade (Wright 2000, Zaman 2000; McCulloch e Baulch 2000). Há menos estudos com provas sobre a saúde, o estado nutricional e a frequência do ensino primário, mas as provas existentes são largamente conclusivas e positivas (Wright 2000).

Demonstrar quantitativamente o impacto do crédito nos pequenos agricultores é frequentemente muito difícil, porque é difícil captar e analisar todos os seus benefícios (Accion International n.d.). No entanto, Okojie et al (2010), numa entrevista com mulheres que trabalham por conta própria no Estado de Edo, constataram que o microcrédito teve impactos positivos nos negócios e na vida familiar dos habitantes das zonas rurais que tiveram acesso às ONG/IFM. Feijo (2001) também constatou que houve um impacto positivo na vida dos agricultores que beneficiaram das facilidades de crédito do Programa de Apoio à Agricultura Familiar (PRONAF) no Brasil, com base na medição do crescimento da produtividade das suas principais culturas. Oyeyinka e Bolarinwa (2009), ao estudarem o impacto nos beneficiários e não beneficiários do regime de empréstimos a pequenos agricultores do NACRDB no Estado de Oyo, constataram que a produção, o rendimento e o acesso a factores de produção agrícola melhorados dos beneficiários eram superiores aos dos não beneficiários. Outros impactos incluíram melhorias na facilitação das transacções económicas, na gestão dos recursos quotidianos, no acesso a serviços que melhoram a qualidade de vida, na proteção contra a vulnerabilidade económica, na realização de investimentos que aumentam a produtividade e na alavancagem de activos. Por último, os participantes nas discussões dos grupos de centragem afirmaram que a concessão atempada de crédito facilita a aquisição atempada de factores de produção agrícola, que ajudam os agricultores a melhorar os seus meios de subsistência.

As microfinanças englobam a prestação de serviços financeiros e a gestão de pequenas quantias de dinheiro através de uma gama de produtos e de um sistema de funções de intermediação que se destinam a clientes com baixos rendimentos (Ano Internacional do Microcrédito, Nações Unidas, 2005). Inclui empréstimos, poupanças, seguros, serviços de transferência e outros produtos e serviços financeiros. O microfinanciamento é, assim, uma das dimensões críticas da vasta gama de instrumentos financeiros para os pobres, e o seu papel crescente no desenvolvimento tem emanado de uma série de factores-chave que incluem (Nova Iorque, Nações Unidas, 2000):

- O facto de os pobres necessitarem de acesso a recursos produtivos, sendo os serviços financeiros um recurso fundamental, para poderem melhorar as suas condições de vida;
- A constatação de que os pobres têm a capacidade de utilizar eficazmente os empréstimos para gerar rendimentos, de poupar e de reembolsar os empréstimos;
- A constatação de que o sector financeiro formal tem prestado muito poucos ou nenhuns serviços às pessoas com baixos rendimentos, criando uma grande procura de serviços de crédito e poupança entre os pobres;
- O ponto de vista de que o microfinanciamento é viável e pode tornar-se sustentável e alcançar a recuperação total dos custos;
- O reconhecimento de que o microfinanciamento pode ter um impacto significativo em questões transversais como o empoderamento das mulheres, a redução da propagação do

VIH/SIDA e a degradação ambiental, bem como a melhoria dos indicadores sociais como a educação, a habitação e a saúde.

Os estudos demonstraram que o microfinanciamento desempenha três grandes papéis no desenvolvimento:

- Ajuda as famílias muito pobres a satisfazerem as suas necessidades básicas e protege-as contra os riscos,
- Está associada a melhorias no bem-estar económico das famílias,
- Contribui para a capacitação das mulheres, apoiando a sua participação económica e promovendo, assim, a equidade entre homens e mulheres.

A literatura sugere que o microfinanciamento cria acesso ao capital produtivo para os pobres, o que, juntamente com o capital humano, abordado através da educação e da formação, e o capital social, conseguido através da criação de organizações locais, permite que as pessoas saiam da pobreza. Ao fornecer capital material a uma pessoa pobre, o seu sentido de dignidade é reforçado, o que pode ajudar a capacitá-la para participar na economia e na sociedade (Otero, 1999).

De acordo com Otero (1999), o objetivo das microfinanças não é apenas fornecer capital aos pobres para combater a pobreza a nível individual, mas também tem um papel a nível institucional. Procura criar instituições que prestem serviços financeiros aos pobres, que são continuamente ignorados pelo sector bancário formal. Littlefield e Rosenberg (2004) argumentam que os pobres são geralmente excluídos do sector dos serviços financeiros da economia, pelo que as IMF surgiram para colmatar esta falha do mercado. Ao colmatar esta lacuna no mercado de uma forma financeiramente sustentável, uma IMF pode tornar-se parte do sistema financeiro formal de um país e, assim, aceder aos mercados de capitais para financiar as suas carteiras de empréstimos, o que lhes permite aumentar drasticamente o número de pessoas pobres a que podem chegar (Otero, 1999). Mais recentemente, comentadores como Littlefield, Murduch e Hashemi (2003), Simanowitz e Brody (2004) e o FMI (2005) comentaram o papel fundamental do microcrédito na realização dos Objectivos de

Desenvolvimento do Milénio.

De acordo com Simanowitz e Brody (2004, p.1), o microcrédito é uma estratégia fundamental para alcançar os ODM e para construir sistemas financeiros globais que satisfaçam as necessidades das pessoas mais pobres". Littlefield, Murduch e Hashemi (2003) afirmam que "o microcrédito é um fator contextual crítico com forte impacto na realização dos ODM. O microcrédito é único entre as intervenções de desenvolvimento: pode proporcionar benefícios sociais numa base contínua e permanente e em grande escala".

No entanto, algumas correntes de pensamento continuam cépticas quanto ao papel do microcrédito no desenvolvimento. Por exemplo, embora reconheçam o papel que o microcrédito pode desempenhar para ajudar a reduzir a pobreza, Hulme e Mosley (1996) concluíram, com base na sua investigação sobre o microcrédito, que "a maior parte dos sistemas actuais são menos eficazes do que poderiam ser" (1996, p.134). Os autores argumentaram que o microcrédito não é uma panaceia para a redução da pobreza e que, nalguns casos, as pessoas mais pobres ficaram em pior situação.

Não obstante, o microfinanciamento emergiu globalmente como uma estratégia líder e eficaz para a redução da pobreza, com potencial para um impacto de longo alcance na transformação das vidas das pessoas pobres. Argumenta-se que o microfinanciamento pode facilitar a realização dos Objectivos de Desenvolvimento do Milénio (ODM), bem como das políticas nacionais que visam a redução da pobreza, a capacitação das mulheres, a assistência a grupos vulneráveis e a melhoria dos padrões de vida. Como salientou o antigo Secretário-Geral das Nações Unidas, Kofi Annan, durante o lançamento do Ano Internacional do Microcrédito (2005),

O acesso sustentável às microfinanças ajuda a aliviar a pobreza ao gerar rendimentos, criar empregos, permitir que as crianças frequentem a escola, possibilitar que as famílias obtenham cuidados de saúde e dar às pessoas a possibilidade de fazerem as escolhas que melhor sirvam as suas necessidades. "(Kofi Annan, dezembro de 2003).

Embora o microfinanciamento não seja uma panaceia para a redução da pobreza e para os desafios de desenvolvimento que lhe estão associados, quando devidamente aproveitado pode dar contributos sustentáveis através de investimentos financeiros que conduzem à capacitação das pessoas, o que, por sua vez, promove a confiança e a autoestima, em especial das mulheres.

O principal objetivo da Estratégia de Crescimento e Redução da Pobreza do Gana (GPRS II) é assegurar "um crescimento equitativo sustentável, uma redução acelerada da pobreza e a proteção dos vulneráveis e excluídos num ambiente descentralizado e democrático". A intenção é eliminar a pobreza generalizada e a crescente desigualdade de rendimentos, especialmente entre os pobres produtivos que constituem a maioria da população ativa.

De acordo com o Censo da População e Habitação de 2000, 80% da população ativa encontra-se no sector informal privado. Este grupo caracteriza-se pela falta de acesso ao crédito, o que limita o desenvolvimento e o crescimento deste sector da economia. Claramente, o acesso aos serviços financeiros é imperativo para o desenvolvimento do sector informal e também ajuda a absorver o excesso de liquidez através de poupanças que podem ser disponibilizadas como capital de investimento para o desenvolvimento nacional (Banco Mundial, Nova Iorque, (1999). Infelizmente, apesar do papel óbvio que as instituições de microfinanças têm vindo a desempenhar na economia, particularmente nos últimos vinte anos, há falta de dados sobre as suas operações.

É sabido que os empréstimos concedidos pelas instituições de microfinanciamento se destinam normalmente a fins como a habitação, o pequeno comércio e os empréstimos para o arranque da atividade agrícola, que incluem sementes de arroz, fertilizantes e outros instrumentos agrícolas.

Alguns dos empréstimos são utilizados para uma variedade de actividades não agrícolas, tais como: criação de vacas leiteiras, engorda de gado, criação de aves, tecelagem, fabrico de cestos, aluguer de máquinas agrícolas e outras máquinas de capital e trabalho da madeira. Naturalmente, os fundos podem ser utilizados para uma série de outras actividades, como o comércio de culturas e de animais, o comércio de tecidos e o fabrico de cerâmica. Há outros casos em que o crédito é concedido a grupos constituídos por vários mutuários para empresas colectivas, tais como: bombas de irrigação, construção de latrinas sanitárias, teares eléctricos, arrendamento de mercados ou arrendamento de terras para agricultura cooperativa.

2.3 Definição de agroindústria

Na agricultura, agronegócio é um termo genérico para as várias empresas envolvidas na produção de alimentos, incluindo agricultura e agricultura sob contrato, fornecimento de sementes, agroquímicos, maquinaria agrícola, comércio grossista e distribuição, processamento, marketing e vendas a retalho (Wikipedia.org).

O agronegócio inclui o sector dos factores de produção agrícola, o sector da produção e o sector da transformação: agricultores, fornecedores de factores de produção agrícola, transformadores de produtos agrícolas, fabricantes de produtos alimentares e aqueles que transportam, vendem e/ou preparam produtos alimentares (Beierlein e Woolverton, 1991. p.3)

De acordo com a Organização das Nações Unidas para a Alimentação e a Agricultura (FAO), o agronegócio designa as actividades empresariais colectivas que são realizadas desde a exploração agrícola até à mesa. Abrange o fornecimento de factores de produção agrícola, a produção e transformação de produtos agrícolas e a sua distribuição aos consumidores finais. A agroindústria é caracterizada por matérias-primas que são, na sua maioria, perecíveis, de qualidade variável e não estão regularmente disponíveis. O sector está sujeito a controlos regulamentares rigorosos em matéria de segurança dos consumidores, qualidade dos produtos e proteção do ambiente. Os métodos tradicionais de produção e distribuição estão a ser substituídos por ligações mais coordenadas e mais bem planeadas entre empresas agro-industriais, agricultores, retalhistas e outros intervenientes nas cadeias de abastecimento.

A agroindústria é uma forma moderna de empresas agrícolas que operam estritamente com fins lucrativos (Olayide e Heady, 1982; Downey e Erickson, 1987).

2.4 A importância das empresas agro-industriais no Gana

"O agronegócio é um dos principais geradores de emprego e renda em todo o mundo. A agroindústria desempenha um papel fundamental na criação de emprego e na geração de rendimentos. No Gana, por exemplo, o sector emprega cerca de 60% da força de trabalho e representa cerca de um terço do PIB do Gana (GhanaWeb.com). Em particular, o sector da transformação de produtos alimentares e bebidas continua a ser importante a todos os níveis do desenvolvimento económico. Para além de proporcionar emprego direto, sabe-se que uma agroindústria dinâmica gera emprego em sectores a jusante e a montante, como a agricultura, o comércio e os serviços. Num país em desenvolvimento como o Gana, a agroindústria poderia fornecer o estímulo necessário para investimentos sustentáveis, desenvolvimento económico e crescimento nas comunidades rurais e nos distritos". (sítio Web da FAO)

As actuais abordagens ao agronegócio são concebidas para gerar e sustentar cadeias de valor nos sistemas agrícolas através da modernização da tecnologia de transformação, das ligações ao mercado e das infra-estruturas necessárias para aumentar o valor acrescentado em diferentes fases da cadeia de valor. Espera-se que o aumento do valor acrescentado ao longo da cadeia de valor conduza a maiores rendimentos e oportunidades de emprego para os agricultores, famílias de pequenos agricultores, trabalhadores e agro-empresas, contribuindo assim para a redução da pobreza e a segurança alimentar nas comunidades locais e na nação como um todo.

No Gana, há muitas oportunidades para as empresas agro-industriais prosperarem. Todos os anos, no Gana, toneladas de produtos agrícolas são desperdiçadas por várias razões, incluindo a falta de estradas de acesso, de instalações de armazenamento e a ausência de indústrias de transformação para absorver o excesso de produção na época alta. A agroindústria apresenta uma oportunidade única, especialmente para as ONG e as Assembleias Distritais/Municipais/Metropolitanas, de resolver os problemas sociais do desemprego e da pobreza, aumentando e sustentando os níveis de rendimento dos agricultores e de outros participantes ao longo do processo de desenvolvimento da cadeia de valor. Cereais, frutas e produtos hortícolas como a mandioca, a banana, a manga, a laranja, o ananás, o tomate, a goiaba, o painço, a mapira, o milho, a manteiga de carité, são produtos agrícolas típicos que têm um bom mercado tanto a nível local como internacional.

2.5 Acessibilidade ao crédito

O acesso ao crédito é considerado como um dos elementos-chave para aumentar a produtividade agrícola (DBSA, 2005). De acordo com Okojie et al (2010), a falta de contas bancárias, de garantias e de informação sobre o procedimento de acesso ao crédito dos bancos limita o acesso das mulheres rurais ao crédito de instituições formais. Adejobi e Atobatele (2008) sugeriram que o incumprimento dos empréstimos pode limitar o acesso ao crédito, enquanto Agnet (2004) opinou que o complexo mecanismo da banca comercial é menos compreendido pelos pequenos agricultores e, por conseguinte, limita o seu acesso. Rahji e Fakayode (2009) atribuíram a limitação aos problemas de informação imperfeita e onerosa encontrados nos mercados financeiros; à política de racionamento do crédito; e à perceção dos bancos de que o crédito agrícola é um empreendimento de alto risco; enquanto Philip *et al* (2009) afirmaram que a taxa de juro elevada e a natureza de curto prazo dos empréstimos com períodos de reembolso fixos não se adequam à cultura anual, constituindo assim um obstáculo ao acesso ao crédito. Oji (n.d.) mencionou a localização dos bancos nos centros urbanos como um fator limitativo, entre outros já mencionados. Adegbite (2009), citando Ezike (1984), Nweke e Onyia (2001), e Kodieche (2002), afirmou que as instituições financeiras de crédito muitas vezes evitam conceder empréstimos aos agricultores devido ao elevado custo de administração desses empréstimos e às elevadas taxas de incumprimento percebidas entre os agricultores.

As famílias pobres têm geralmente apenas um acesso limitado aos mercados de crédito e são impedidas de contrair empréstimos por uma série de razões, como o elevado custo da informação (Stiglitz e Weiss, 1981) ou a falta de activos como garantia (Carter, 1988).

2.6 Modo de entrega do crédito

Muitos dos actuais sistemas de microcrédito emprestam dinheiro numa base de grupo, ou seja, o grupo é responsável pelas dívidas de cada membro (Brett, 2006; Cuong, 2008; Karim, 2008; Weber, 2002). Os outros membros não podem aceder ao crédito se um membro do seu grupo entrar em incumprimento. *A "vergonha"* é a garantia, como diz Karim (2008). A título de exemplo, o Projeto Liberdade da Fome do Mali trabalha com grupos de mulheres (Charitonenko e Campion 2003) e o grupo é solidariamente responsável pelo reembolso do empréstimo durante um período de dezasseis semanas. Em suma, embora diferentes, todos os modelos de microcrédito investigados parecem visar, em grande medida, as zonas rurais e as aldeias e funcionar segundo um modelo de grupo em que o capital social é a garantia.

2.7 Pontualidade do crédito

De acordo com Aluko (1961), o capital é um importante fator de produção e, por conseguinte, deve ser fornecido no momento e nas condições necessárias para que se possa obter a produção desejada. O crédito será eficaz e capaz de alcançar os resultados desejados de aumento da produtividade se e só se for específico para o momento, o local e o beneficiário.

A disponibilidade de crédito adequado e atempado ajudará a alargar o âmbito de funcionamento e a adoção de novas tecnologias, bem como a aumentar a compra e a utilização de alguns factores de produção melhorados que não estão disponíveis na exploração Oladeebo e Oladeebo (2008). Para que um agricultor possa beneficiar de qualquer crédito institucional, é importante o montante do empréstimo, o processo de concessão do empréstimo, a pontualidade do desembolso e do reembolso, para além do nível de educação, do estado civil e da dimensão da família (Nweze, 1991).

O capital é necessário para três fases de uma empresa ou negócio. São elas:

1. A fase inicial - durante a qual é necessária uma boa quantia de dinheiro para estabelecer o empreendimento;
2. A fase de expansão - durante a qual são necessários fundos para expandir e manter a empresa; e
3. Operações - o dinheiro é necessário para o funcionamento diário, a manutenção e outras actividades.

O desembolso atempado do crédito aos beneficiários, juntamente com a sua adequação, reforçará, por conseguinte, o crescimento das empresas e melhorará o bem-estar total da clientela, tanto a curto como a longo prazo.

2.8 Adequação do crédito

O capital é necessário para alargar ou manter uma empresa em funcionamento. É necessário para realizar as operações quotidianas da empresa; pagamentos de baixas, manutenção e compra de combustível e outros recursos necessários. A adequação do capital refere-se ao nível de capital de uma organização que está disponível para cobrir o seu risco (CGAP, 1996b).

A sobrevivência e o crescimento das empresas agro-industriais de pequena escala podem ser altamente condicionados pelo ambiente físico, institucional e económico. Estes constrangimentos incluem a utilização inadequada das tecnologias da informação e da comunicação, o escasso investimento de capital (Adebayo et al, 2004) e a assistência creditícia inadequada (Opeolu e Oluwalana, 2004; Oluwalana et al, 2004, Adebayo et al, 2004),

2.9 Os efeitos do crédito na produção

A produção agrícola é fortemente condicionada pelo facto de os inputs serem transformados em outputs com atrasos consideráveis (Conning e Udry, 2005), o que faz com que o agregado familiar rural tenha de equilibrar o seu orçamento durante a época em que há despesas elevadas com a compra de inputs e com o consumo e poucas receitas. Com um acesso limitado ao crédito, o saldo orçamental durante o ano pode tornar-se um obstáculo à produção agrícola. Quando a liquidez é um constrangimento vinculativo, as quantidades e combinações de factores de produção utilizadas por um agricultor podem desviar-se dos níveis óptimos que, por sua vez, limitam as escolhas óptimas de produção ou de consumo. A contribuição marginal do crédito aproxima, portanto, os níveis dos factores de produção dos níveis óptimos, aumentando assim o rendimento e a produção (Feder et al, 1990). Alguma literatura empírica concluiu que, nas zonas rurais dos países em desenvolvimento, as restrições de crédito têm efeitos adversos significativos na produção agrícola (Feder et al., 1990; Sial e Carter, 1996), no investimento agrícola (Carter e Olinto, 2003) e no lucro agrícola (Carter, 1989). Tal como acontece em muitos países em desenvolvimento, as famílias rurais ganesas têm sofrido com a falta de acesso ao capital (Fundo Internacional para o Desenvolvimento Agrícola, 2001).

Foram realizados muitos estudos sobre o impacto das restrições de crédito na produção agrícola e no rendimento rural, porque o acesso ao crédito é frequentemente considerado um fator-chave para melhorar a produtividade e o nível de vida rural nos países menos desenvolvidos. Carter (1989) verificou que o crédito tinha um impacto positivo na produção e que era de esperar que reduzisse o padrão de crescimento estruturalmente desequilibrado na agricultura da Nicarágua. Zeller, Diagne e Mataya (1998) concluíram que a participação num programa de crédito agrícola foi capaz de aumentar a percentagem de culturas de milho híbrido e tabaco, e que a adesão a programas de crédito teve um efeito considerável no rendimento das culturas no Malawi. Isto implica que a expansão do acesso ao crédito pode ter efeitos benéficos sobre a produção agrícola e os rendimentos rurais. Do mesmo modo, outros estudos encontraram efeitos negativos da falta de acesso ao crédito na produção agrícola ou na rentabilidade nos países em desenvolvimento, por exemplo, Duong e Izumida (2002) no Vietname; Freeman, Ehui e Jabbar (1998) na Etiópia e no Quénia; Sial e Carter (1996) no Punjab paquistanês; Foltz (2004) na Tunísia; Kochar (1997) na Índia; e Guirkinger e Boucher (2008) no Peru.

CAPÍTULO TRÊS

METODOLOGIA DE INVESTIGAÇÃO

3.1 Introdução

Este capítulo descreve a forma como o estudo foi efectuado. O capítulo é abordado sob os seguintes subtítulos: Conceção e métodos de investigação, Fontes de dados de investigação, População-alvo, Procedimentos de amostragem e Apresentação e análise dos dados.

3.2 A área de estudo

A metrópole de Tamale é um dos distritos da Região Norte. Tem uma localização central na região e, por conseguinte, serve de centro para todas as actividades administrativas e comerciais da região. Tamale, a capital metropolitana, é também a capital política, económica e financeira da região. Os principais departamentos governamentais, ministérios e ONG têm Tamale como centro operacional. O município partilha fronteiras com Savelugu-Nanton a oeste, Yendi a leste e Gonja a sul.

A economia da Metrópole até a década de 1980 era basicamente agrícola. Durante este período, mais de 70% de todos os indígenas da Metrópole eram agricultores. Durante o período anterior à década de 1980, a produção de produtos primários na Metrópole era muito elevada. Este foi o resultado das políticas governamentais para a agricultura. A introdução de subsídios aos factores de produção agrícola aumentou a produção de culturas domésticas e industriais. Entre estas, destacam-se o arroz, o milho, o sorgo, o amendoim e o feijão. No entanto, a tendência de crescimento começou a diminuir em consequência da supressão dos subsídios aos factores de produção agrícola, do rápido crescimento demográfico, do declínio da fertilidade dos solos e da diminuição gradual da superfície terrestre em resultado da rápida expansão de Tamale. Os elevados custos de transporte e a falta de instalações de armazenamento obrigam os agricultores a depender de intermediários para a venda dos produtos. Os pequenos agricultores são, portanto, os mais afectados. Atualmente, estima-se que 60% da população se dedica à agricultura na Metrópole. As principais culturas cultivadas incluem o milho, o arroz, o sorgo, o painço, o feijão-frade, o amendoim, a soja, o inhame e a mandioca.

3.3 População e técnicas de amostragem

O estudo visou apenas os beneficiários do crédito MiDA CDFO na metrópole de Tamale. Os beneficiários do CDFO que não receberam a assistência creditícia não foram considerados para este estudo. Foram utilizadas técnicas de amostragem aleatória simples e propositada para selecionar os inquiridos que eram beneficiários do regime de crédito em seis comunidades da metrópole. A amostragem por objectivos foi utilizada para selecionar seis grupos de beneficiários na Metrópole. A amostragem aleatória simples foi utilizada para selecionar vinte (20) inquiridos de cada um dos seis grupos. Isto deu um tamanho total de amostra de cento e vinte (120) inquiridos. O formulário abaixo foi utilizado para determinar o tamanho da amostra.

$$ss = \frac{Z^2 * (p) * (1-p)}{c^2}$$

Onde:

Z = valor Z (por exemplo, 1,96 para um nível de confiança de 95%)

p = percentagem de escolha, expressa em decimais (0,5 utilizado para a dimensão da amostra necessária)

c = intervalo de confiança, (05 = ±5)

3.3 Procedimentos de recolha de dados

Isto explica a forma como a informação foi recolhida junto da população incluída na amostra. O procedimento de recolha de dados qualitativos adotado foi a discussão em grupo de foco (FGD), visando apenas os beneficiários do crédito. Os procedimentos de recolha de dados quantitativos utilizados são o método de inquérito e as entrevistas (basicamente, entrevistas presenciais) com os beneficiários.

3.4 Instrumentos de investigação

As ferramentas ou instrumentos básicos de recolha de dados que o investigador adoptou para este estudo são os guias de entrevista e o questionário.

3.5 Conceção da investigação

Explica a forma como a investigação foi efectuada. Discute os sujeitos, os instrumentos utilizados, as condições em que a investigação foi efectuada e a forma como os resultados foram analisados. Para este estudo, foi utilizado um modelo de investigação por inquérito. Foi utilizado devido ao seu baixo custo e à facilidade de acesso à informação. De acordo com Shuttleworth, Martyn (2008), a conceção da investigação por inquérito é uma ferramenta muito valiosa para avaliar opiniões e tendências, mesmo em pequena escala, como a administração local ou as pequenas empresas, avaliar opiniões com inquéritos cuidadosamente concebidos pode alterar drasticamente as estratégias.

Foram utilizados questionários semi-estruturados para obter dados primários dos beneficiários, do gabinete zonal de intervenção do Norte da AMI e das instituições financeiras parceiras. Além disso, o efeito do crédito na expansão das empresas foi determinado por meio da administração de questionários. Os indicadores utilizados incluem: número de pessoas envolvidas como mão de obra, activos adquiridos e volume atual de produção (bens e serviços) comercializados. Foi igualmente utilizado um questionário semi-estruturado para obter informações sobre as despesas dos agregados familiares dos beneficiários. Relativamente à alimentação, as quantidades consumidas em termos de "tigelas" por semana e por mês foram estimadas para "antes" e "depois" do apoio creditício. Foram igualmente calculadas as despesas mensais com facturas de saúde (medicamentos). Relativamente à educação, os livros comprados para os alunos, os uniformes escolares adquiridos, as propinas pagas e a mesada diária dos alunos serviram de base para determinar as despesas com a educação. As informações sobre o padrão de poupança foram obtidas como dados primários junto dos beneficiários, com a ajuda de questionários semi-estruturados. Foi perguntado se os beneficiários tinham ou não melhorado as suas poupanças desde que receberam a assistência creditícia. Foram igualmente estimados valores quantitativos. Foram utilizados dados quantitativos e qualitativos. Os dados qualitativos foram constituídos por informações descritivas fornecidas pelos beneficiários. Os dados quantitativos foram obtidos nos escritórios da MiDA em Tamale e nas instituições financeiras parceiras, e eram basicamente compostos pelo montante de dinheiro e incentivos recebidos pelos beneficiários. Os dados primários também foram obtidos diretamente junto dos beneficiários e do MiDA, através da administração de um questionário semi-estruturado e da utilização de ferramentas de avaliação rural participativa. Os dados secundários foram recolhidos sobre o modo de funcionamento do projeto MiDA CDFO. Estes foram recolhidos nos escritórios do MIDA e do MNE, nas bibliotecas, na internet e noutras instituições necessárias, tais como os Provedores de Serviços Técnicos e de Formação (TTSPs), que ajudaram na execução do projeto CDFO do MIDA.

3.6 Análise e apresentação de dados

Foram utilizados questionários para recolher os dados necessários. Os dados foram analisados com recurso a software de folha de cálculo (Microsoft Excel e SPSS). Os dados foram apresentados utilizando ferramentas estatísticas descritivas, como gráficos de barras e quadros. Foram estimadas as mudanças nos níveis de produção "depois" e "antes" do crédito.

CAPÍTULO QUATRO

ANÁLISE E DISCUSSÃO DOS RESULTADOS

4.1 Introdução

Este capítulo apresenta os resultados e as discussões dos dados obtidos no estudo. Estes são apresentados utilizando ferramentas de apresentação estatística descritiva, tais como tabelas de frequência, figuras e gráficos de barras. O capítulo aborda as informações pessoais dos beneficiários; a acessibilidade do crédito; o modo de concessão do crédito; a oportunidade e a adequação do crédito; e os efeitos do crédito nos beneficiários.

4.1 Informações pessoais

4.1.1 Distribuição por idade e sexo dos inquiridos.

Foi entrevistado um total de cento e vinte (120) inquiridos. **As figuras 4.1.1a e 4.1.1b** abaixo indicam a distribuição por sexo e idade dos inquiridos, respetivamente. Dos 120 inquiridos, 41 (representando 34,2%) eram homens. Os restantes 79 (representando 65,8%) eram mulheres. O envolvimento esmagador das mulheres explica as suas contribuições e o seu envolvimento com microempresas destinadas a aliviar a pobreza, especialmente ao nível do agregado familiar. O acesso das mulheres ao financiamento poderia, por conseguinte, garantir uma capacitação financeira sustentável e desencorajar a dependência de fontes externas (Plano de Ação da FAO para as Mulheres no Desenvolvimento, 1996 - 2001).

A idade dos inquiridos varia entre os 20 anos e alguns têm mais de 60 anos. Quatro (4) inquiridos (representando 3,3%) tinham idades compreendidas entre os 20 e os 30 anos. Quarenta e oito (48) inquiridos (representando 40,0%) tinham idades compreendidas entre os 31 e os 40 anos. Quarenta e nove (49) inquiridos (representando 40,8%) estavam na faixa etária dos 41-50 anos. Doze (12) inquiridos (representando 10%) situavam-se na faixa etária dos 51-60 anos e apenas 7 inquiridos (5,8%) tinham mais de 60 anos de idade. Estes resultados mostram claramente que as pessoas muito idosas são menos activas do ponto de vista económico e físico e não se envolvem muito em actividades agro-industriais. Muitos argumentam que esses grupos de pessoas são geralmente mais fracos e fazem parte da população dependente da maioria das economias.

Figura 4.1.1a: Distribuição por sexo do inquirido

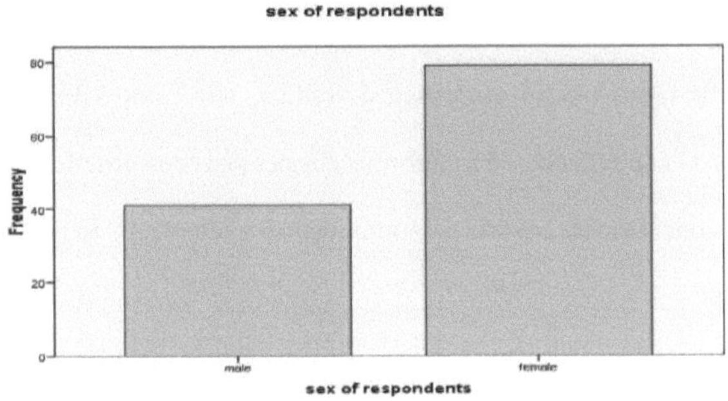

Fonte: dados de campo, 2012

Figura 4.1.1b: Distribuição etária dos inquiridos

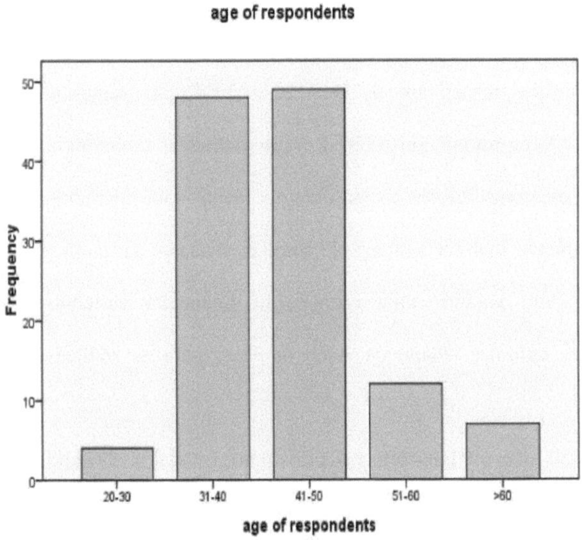

Fonte: dados de campo, 2012

4.1.2 Distribuição profissional dos inquiridos

O estudo identificou a transformação de arroz, a extração de manteiga de carité e a agricultura como as principais actividades agro-industriais exercidas pelos beneficiários. O processamento de arroz, representando 48,3% (58 inquiridos), foi o mais elevado. Quarenta (40) inquiridos, representando

33,3%, dedicavam-se à extração de manteiga de carité. Vinte e um (21) inquiridos (representando 17,5%) dedicavam-se à agricultura. Apenas um inquirido se dedicava ao comércio. Isto é mostrado na **Figura 4.1.2**

abaixo:

Figura 4.1.2: Distribuição profissional dos inquiridos

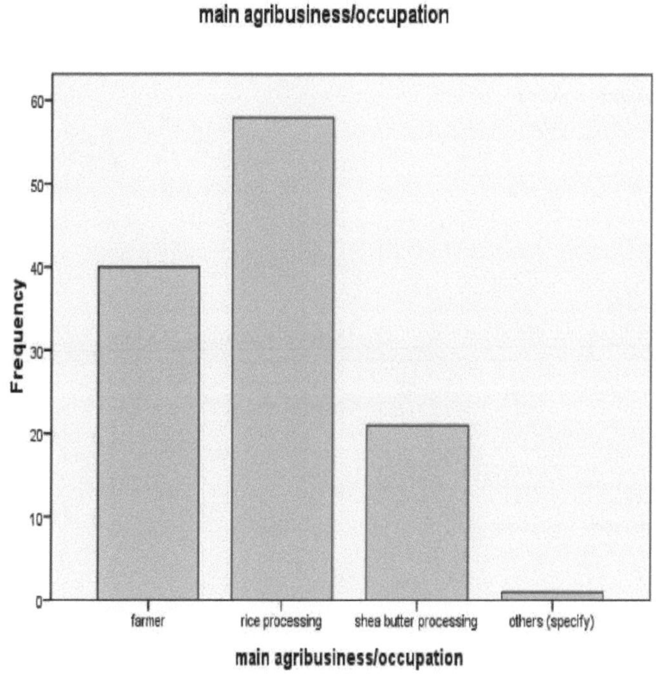

Fonte: dados de campo, 2012

4.1.3 Habilitações literárias dos inquiridos

85,5% dos inquiridos dos 120 entrevistados (representando 103 inquiridos) não tinham qualquer educação formal. Apenas 8 inquiridos (6,7%) tinham tido educação terciária. Um (1) inquirido (0,8%) também recebeu educação até ao nível do ensino secundário e 8 deles (representando apenas 6,7%) tiveram educação básica. Isto é muito preocupante, tendo em conta o facto de estarmos agora numa economia baseada no conhecimento, em que a tecnologia tem uma influência profunda nas empresas em todo o mundo.

A incapacidade da maioria dos inquiridos de manter um registo adequado das suas actividades comerciais e também da estrutura de rendimentos pode ser parcialmente atribuída à falta ou inadequação da educação formal. **A Figura 4.1.3** abaixo apresenta a formação académica dos inquiridos.

Figura 4.1.3: Habilitações literárias dos inquiridos

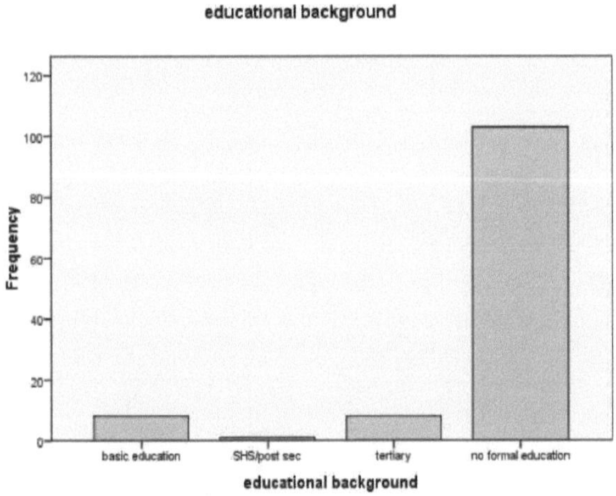

Fonte: dados de campo, 2012

4.1.4 Estado civil

Os resultados indicam que, dos 120 inquiridos, 75% (90 inquiridos) eram casados, 28 inquiridos (23,3%) eram viúvos, 1 solteiro e 1 separado. O estudo revelou que estas viúvas se tornaram as provedoras dos seus respectivos agregados familiares e, por vezes, chefes de família. A concessão de crédito a estas mulheres permitirá aumentar o seu envolvimento em actividades agro-industriais e assegurar o bem-estar adequado destas famílias pobres.

Figura 4.1.4: Estado civil dos inquiridos

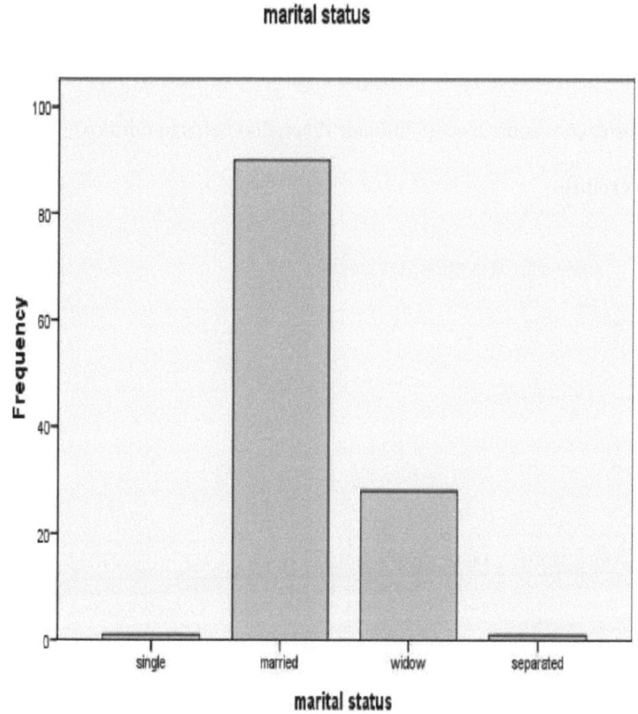

Fonte: dados de campo, 2012

4.1.5 Tamanho do grupo

Setenta (70) inquiridos (representando 58,3%) pertenciam a grupos com um número de membros entre 41 e 50, sendo que os restantes 50 inquiridos (representando 41,7%) pertenciam a grupos com um número de membros entre 31 e 40. Nos últimos tempos, o financiamento em grupo tem sido encorajado pela maioria das instituições financeiras, que o consideram um instrumento de garantia.

4.2 Acessibilidade ao crédito

Noventa (90) inquiridos (representando 75%) afirmaram que era difícil aceder ao crédito MiDA CDFO. O longo período de processamento e os procedimentos de processamento difíceis foram as duas principais razões apresentadas. O acesso ao crédito era demasiado formal e exigia alguns conhecimentos técnicos. Os mecanismos complexos da banca comercial são menos compreendidos pelos pequenos agricultores, limitando assim o seu acesso ao crédito (Agnet, 2004). Todos os 120 inquiridos entrevistados disseram que o crédito lhes foi administrado apenas uma vez, embora fosse suposto ser-lhes dado anualmente para apoiar a sua produção com base na taxa de reembolso. **A Figura 4.2** abaixo apresenta informações sobre a acessibilidade do crédito pelos inquiridos.

Figura 4.2: Acessibilidade ao crédito:

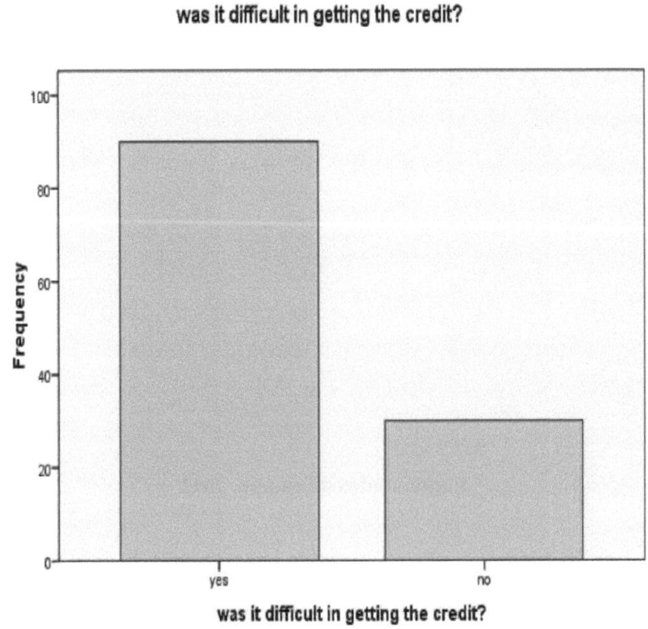

Fonte: dados de campo, 2012

4.2 Modo de desembolso do crédito

Todos os 120 inquiridos indicaram que o crédito lhes foi pago em grupos. De facto, o investigador apercebeu-se de que uma inovação adoptada por uma das instituições financeiras mutuantes (CARD) foi o sistema de crédito sem dinheiro, adotado para administrar o crédito aos beneficiários. Para o efeito, a instituição concedeu aos agricultores os verdadeiros factores de produção necessários para a produção, mas o custo desses factores de produção foi pago em troca de reembolsos fáceis, em dinheiro ou em espécie. Hulme e Mosley (1996) argumentam que o crédito de grupo, como tendência atual dos sistemas de crédito, visa eliminar os obstáculos, como as garantias e a dimensão da empresa, como condição para o acesso ao crédito. A sustentabilidade do crédito de grupo é, no entanto, uma função da relação social subjacente e da distância que tem de ser percorrida para participar nas actividades de grupo, entre outras coisas (ibid). A monitorização do grupo de pares também desempenha um papel muito importante na utilização e recuperação do crédito (Carney, 1998).

De acordo com as instituições financeiras participantes, as condições de acesso ao crédito eram as seguintes

1. Os beneficiários devem constituir grupos envolvidos numa atividade e receber formação da instituição.
2. Os beneficiários devem abrir uma conta poupança colectiva na instituição.

4.3 Oportunidade e adequação do crédito concedido aos beneficiários

Os empréstimos foram desembolsados por todas as instituições financeiras entre os períodos de abril e dezembro. Dos 120 inquiridos, 80 (representando 66,7%) estão a produzir durante todo o ano. Estes inquiridos estão envolvidos no processamento de arroz e na extração de manteiga de karité. Quarenta (40) inquiridos (33,3%) que se dedicam efetivamente à produção vegetal iniciam a produção entre abril e junho de cada ano. Os resultados indicaram que 40 inquiridos (33,3%) receberam os seus empréstimos entre abril e junho. 45 inquiridos (37,5%) receberam os seus empréstimos entre julho e setembro. Trinta (30) outros (representando 29,2%) obtiveram os seus empréstimos entre os meses de outubro e dezembro. A oportunidade, a adequação e as circunstâncias em que o crédito é desembolsado são muito importantes em qualquer programa de crédito (Azumah e Atibila, 2006). O crédito pode fazer mais mal do que bem aos beneficiários, e pode mesmo pôr em perigo as suas vidas, especialmente quando não é concedido na altura certa (Quarshie e Antwi, 2000). A **Figura 4.4a** mostra que a maioria dos inquiridos concorda que o crédito foi desembolsado no momento certo. 66,7% (representando 80 inquiridos) afirmam que o crédito foi concedido no momento certo, enquanto 40 inquiridos (representando 33,3%) discordam do momento do crédito. Os inquiridos propuseram que o crédito fosse concedido aos agricultores pelo menos um mês antes do início da produção. De acordo com Aluko (1961), o capital é um importante fator de produção e deve ser fornecido no momento e nas condições necessárias para que se possa obter a produção desejada. O desembolso atempado de crédito tem o potencial de aumentar o crescimento das empresas e pode, por conseguinte, contribuir em grande medida para melhorar o nível de vida dos beneficiários.

Figura 4.4a: Oportunidade de crédito

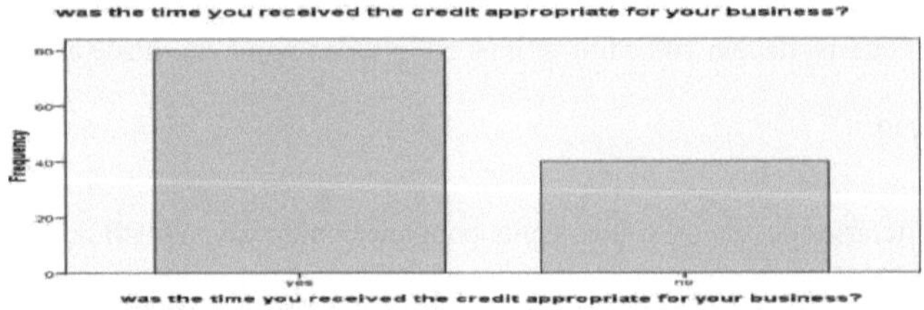

Fonte: dados de campo, 2012

O estudo revelou que o montante do crédito recebido por cada beneficiário variava entre GHC 250,00 e GHC 3700,00. Este facto é ilustrado na **figura 4.4b** abaixo. Além disso, 37,5% (45 inquiridos) concordam que os montantes dos empréstimos eram adequados. 62,5% (75 inquiridos) disseram que os montantes dos empréstimos eram inadequados para as suas actividades comerciais. **A figura 4.4c** abaixo apresenta a repartição da adequação dos empréstimos.

Figura 4.4b: Montantes de empréstimos recebidos pelos inquiridos

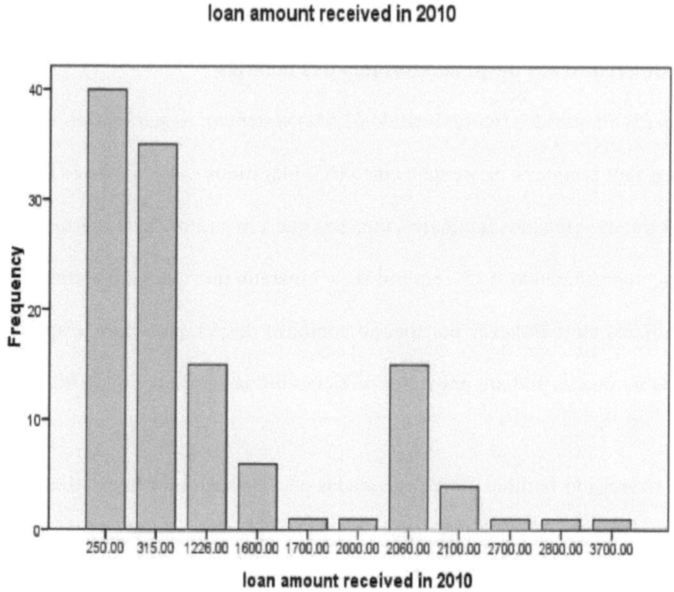

Fonte: dados de campo, 2012

Figura 4.4c: Adequação do empréstimo recebido pelos inquiridos

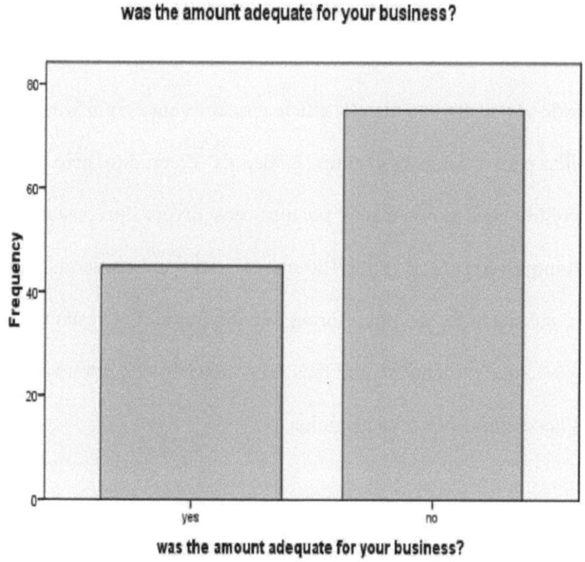

Fonte: dados de campo, 2012

4.5 Efeitos do crédito sobre o consumo, o rendimento, a expansão das actividades e a poupança

4.5.1 Efeitos do crédito nas despesas/consumo das famílias

Cinquenta e um (51) inquiridos (representando 42,5%) sustentam os seus vários agregados familiares com o apoio dos seus cônjuges. Sessenta e cinco (65) inquiridos (54,2%) são os únicos responsáveis pelo sustento dos seus agregados familiares, uma vez que, em muitos destes casos, os inquiridos eram janelas. 95,8%, representando 115 inquiridos, afirmaram que agora podem alimentar os seus agregados familiares até três vezes por dia, ao contrário dos 91 inquiridos (representando 75,8%) cujos agregados familiares podiam pagar três refeições diárias antes do início do regime de crédito.

As despesas do agregado familiar foram calculadas para os seguintes itens: alimentação, vestuário, cuidados de saúde, renda, educação dos filhos, transportes e outras necessidades sociais. 49,1% dos inquiridos (59 inquiridos) gastam atualmente, em média, entre 180,00 e 325,00 GHC no seu agregado familiar por mês. Os outros 50,9% (representando 61 inquiridos) também gastam atualmente entre 330,00 e 720,00 xelins com o seu agregado familiar por mês. Antes da assistência ao crédito, cerca de 80%, representando 96 inquiridos, podiam gastar mensalmente até 325,00 GHC com o seu agregado familiar. A partir dos **Anexos 2 e 3**, pode ver-se claramente que existe uma diferença significativa no padrão de consumo do agregado familiar para as situações "antes" e "depois" do crédito, pelo que se pode deduzir que a assistência ao crédito teve um impacto positivo nos níveis de consumo do agregado familiar. Oitenta e oito (88) inquiridos (73,3%) dos 120 entrevistados concordaram que o crédito melhorou os seus meios de subsistência de uma forma ou de outra. Os restantes 32 responderam de forma contrária, alegando que o montante que lhes foi concedido era extremamente inadequado para efetuar as mudanças necessárias nos seus negócios.

4.5.2 Rendimento dos inquiridos

Quarenta (40) inquiridos (representando 33,3%) receberam GHC250 cada um como empréstimo do regime. 35 inquiridos (29,2%) receberam GHC315,00 cada um e 15 outros (12,5%) receberam GHC1226,00 cada um. Outros 15 inquiridos (12,5%) também receberam GHC2060 como empréstimo do regime. 15 inquiridos receberam igualmente montantes que variam entre 1600,00 GHC e 3700,00 GHC. 73,3% (representando 88 inquiridos) admitiram que os seus rendimentos melhoraram depois de terem recebido o crédito. Os restantes 32 inquiridos (representando 26,7%) responderam "não". Alguns indícios da melhoria dos rendimentos, conforme declarado pelos inquiridos, incluem: capital expandido, podem agora empregar mais mão de obra, adquiriram mais bens e os seus agregados familiares podem agora alimentar-se três vezes por dia. **A Figura 4.5.2a** abaixo apresenta os dados sobre se os rendimentos dos inquiridos melhoraram após a obtenção do crédito ou não.

Figura 4.5.2a: estatuto do rendimento dos inquiridos

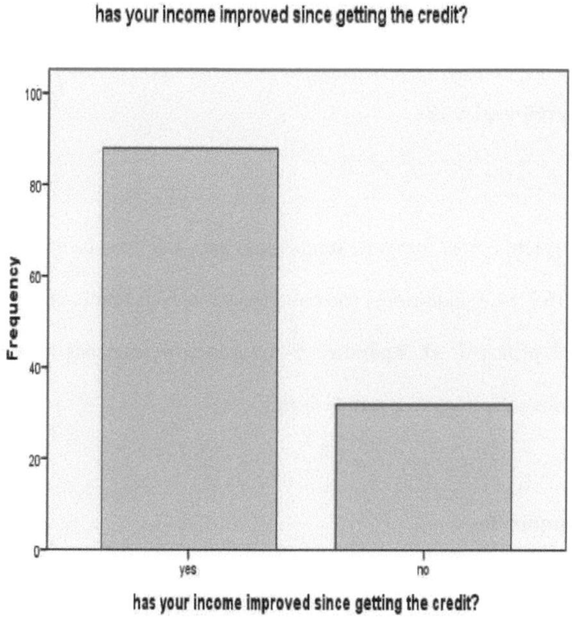

Fonte: dados de campo, 2012

Figura 4.5.2b: Provas de melhoria dos rendimentos

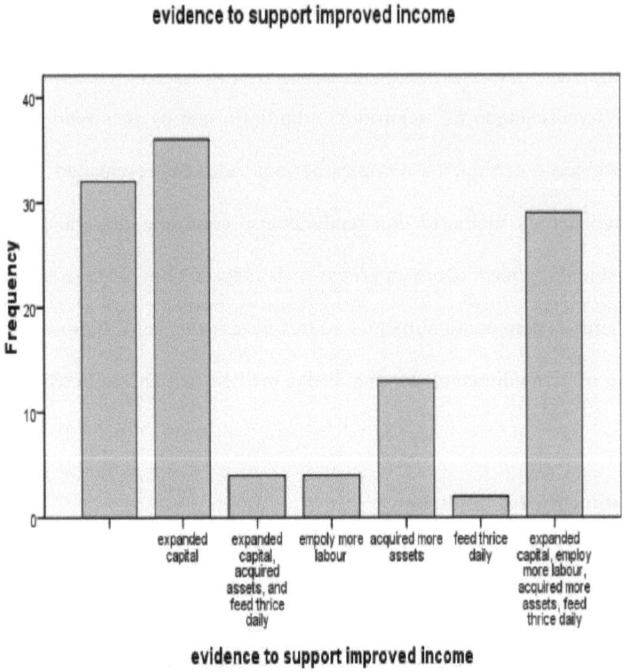

Fonte: dados de campo, 2012

Cem inquiridos (representando 83,3%) têm outras fontes de rendimento para além da sua atividade agroindustrial principal. Os restantes 16,7% (20 inquiridos) não têm outras fontes de rendimento para além da sua atividade agroindustrial principal. **O Apêndice 5** apresenta informações sobre o rendimento médio mensal dos inquiridos proveniente de outras fontes.

4.5.3 Estrutura de poupança dos inquiridos

Cento e quatro (104) inquiridos (86,7%) têm atualmente contas bancárias e podem poupar. Quarenta e dois (42) inquiridos dos 120 inquiridos (representando 35%) não conseguiam poupar antes de receberem o crédito. **Os quadros 4.5.3a e 4.5.3b** apresentam informações sobre a estrutura de poupança dos inquiridos.

Os 16 inquiridos (13,3%) que atualmente não conseguem poupar apresentaram como razões para não conseguirem poupar as grandes despesas do agregado familiar e a estagnação das suas empresas.

Quadro 4.5.3a: poupanças mensais antes do crédito (GHC)

Amount range (GHC)	Frequency	Percent	Valid Percent	Cumulative Percent
1- 20	56	46.7	71.8	71.8
21-40	9	7.5	11.5	83.3
41-60	5	4.2	6.4	89.7
81-100	8	6.7	10.3	100
Total	**78**	**65**	**100**	
Missing system	42	35		
Total	**120**	**100**		

Fonte: dados de campo, 2012

Quadro 4.5.3b: poupança mensal após crédito

Amount range (GHC)	Frequency	Percent	Valid Percent	Cumulative Percent
1- 20	26	21.7	25	25
21-40	50	41.7	48.1	73.1
41-60	15	12.5	14.4	87.5
81-100	5	4.2	4.8	92.3
> 100	8	6.7	7.7	100
Total	**104**	**86.7**	**100**	
Missing System	16	13.3		
Total	**120**	**100**		

Fonte: dados de campo, 2012

4.5.4 Efeitos do crédito na expansão das empresas

Uma esmagadora maioria de 75,8% (91 inquiridos) concordou que as suas empresas melhoraram desde que receberam a assistência creditícia. Alguns dos indícios que corroboram esta afirmação são: aquisição de mais activos, expansão do capital, aumento dos níveis de produção e emprego de mais mão de obra. 80% (96 inquiridos) concordaram efetivamente que os seus activos aumentaram até agora. É evidente que as empresas dos inquiridos melhoraram e isso afectou positivamente o consumo. A opinião de Quarshie e Antwi (2000) de que a assistência ao crédito é uma forma segura de capacitação financeira é, portanto, justificada. 93,3% dos inquiridos (112) podem agora empregar algum tipo de mão de obra para os ajudar nos seus negócios. Isto representa uma melhoria em relação aos 88,3% dos inquiridos (105) que podiam empregar alguma forma de mão de obra para os ajudar nos seus negócios. **As tabelas 4.5.4 e 4.5.5** abaixo comparam as produções médias mensais dos inquiridos antes e depois do crédito.

Quadro 4.5.4: produção mensal antes do crédito

Output in bags (100 kg)	Frequency	Percent	Cumulative Percent
1	16	13.3	13.3
2	16	13.3	26.7
3	3	2.5	29.2
4	1	0.8	30
5	13	10.8	40.8
6	17	14.2	55
7	4	3.3	58.3
8	3	2.5	60.8
9	3	2.5	63.3
10	13	10.8	74.2
12	14	11.7	85.8
13	10	8.3	94.2
14	3	2.5	96.7
15	1	0.8	97.5
16	1	0.8	98.3
20	2	1.7	100
Total	**120**	**100**	

Fonte: dados de campo, 2012

Quadro 4.5.5: produção mensal atual

Output in bags (100 kg)	Frequency	Percent	Cumulative Percent
2	24	20	20
3	8	6.7	26.7
6	9	7.5	34.2
9	2	1.7	35.8
10	13	10.8	46.7
12	3	2.5	49.2
14	1	0.8	50
15	9	7.5	57.5
16	11	9.2	66.7
17	2	1.7	68.3
18	6	5	73.3
19	2	1.7	75
20	19	15.8	90.8
22	6	5	95.8
23	1	0.8	96.7
25	2	1.7	98.3
30	1	0.8	99.2
40	1	0.8	100
Total	**120**	**100**	

Fonte: dados de campo, 2012

Quadro 4.5.6: montante realizado mensalmente pela empresa

Amount (GHC)	Frequency	Percent	Cumulative Percent
100	24	20	20
150	8	6.7	26.7
300	9	7.5	34.2
450	2	1.7	35.8
500	13	10.8	46.7
600	3	2.5	49.2
700	1	0.8	50
750	9	7.5	57.5
800	11	9.2	66.7
850	2	1.7	68.3
900	6	5	73.3
950	2	1.7	75
1000	19	15.8	90.8
1100	6	5	95.8
1150	1	0.8	96.7
1250	2	1.7	98.3
1500	1	0.8	99.2
2000	1	0.8	100
Total	**120**	**100**	

Fonte: dados de campo, 2012

CAPÍTULO CINCO

SÍNTESE DOS RESULTADOS, CONCLUSÃO E RECOMENDAÇÕES 5.0 Introdução

Este capítulo resume todo o estudo, as conclusões do estudo, as recomendações do investigador, as limitações e as orientações para investigação futura.

5.1 Resumo das conclusões

O estudo tinha por objetivo avaliar os efeitos do programa de crédito MiDA CDFO nos beneficiários da metrópole de Tamale.

Verificou-se que as principais actividades agro-industriais prosseguidas pelos beneficiários são a transformação de arroz, a extração de manteiga de carité e a agricultura.

O nível de educação dos inquiridos era demasiado baixo, pois apenas 7,5% deles (9 inquiridos) tinham algum nível de educação. Este facto afectou a manutenção de registos adequados por parte dos inquiridos.

O estudo revelou que o crédito era concedido a pessoas que desenvolviam uma atividade comum e que se encontravam agrupadas. O crédito de grupo foi aclamado como o melhor meio de impulso e de garantia. Todos os 120 inquiridos estavam em grupos.

66,7% (representando 80 inquiridos) concordaram que o crédito foi pago atempadamente. Apenas os que estavam envolvidos na agricultura tinham uma altura do ano específica para iniciar a produção. Para os que se dedicavam à transformação de arroz e à extração de manteiga de carité, a produção era feita durante todo o ano. 62,5% (75 inquiridos) disseram que os montantes dos empréstimos eram inadequados para as suas actividades comerciais

O estudo revelou que a acessibilidade ao crédito continua a ser um grande problema. Noventa (90) inquiridos (75%) afirmaram que era difícil aceder ao crédito devido aos procedimentos rigorosos e ao longo período de processamento.

O estudo revelou igualmente que o crédito melhorou o consumo. 95,8% (115 inquiridos) podem agora alimentar o seu agregado familiar três vezes por dia. 88 inquiridos (73,3%) concordaram que os seus rendimentos melhoraram desde a avaliação do crédito.

O crédito também melhorou a poupança, uma vez que 86,7% (104 inquiridos) poupam agora mensalmente em várias instituições financeiras.

Uma esmagadora maioria de 75,8% (91 inquiridos) também concordou que as suas empresas melhoraram de uma forma ou de outra desde que receberam o crédito.

5.2 Conclusões

Dos resultados, conclui-se que o crédito era de difícil acesso devido a procedimentos de tratamento rigorosos.

O crédito era concedido a indivíduos organizados em grupos bem formados que exerciam uma atividade comum. No entanto, a maioria destes grupos foi desmembrada. Os indivíduos poderiam ter-se reunido para formar esses grupos com o objetivo de obter esses créditos.

O crédito foi pago atempadamente àqueles que tinham produção durante todo o ano. Apenas os produtores agrícolas se queixaram da altura em que o crédito foi pago. Eles propuseram fevereiro/março como a melhor altura para lhes pagar os empréstimos. 62,5% (74 inquiridos) referiram que o montante do empréstimo não era adequado.

O crédito melhorou as actividades dos beneficiários. Isto foi revelado por 75,8% dos inquiridos

O estudo revelou igualmente que o crédito melhorou os rendimentos, o consumo e a poupança dos beneficiários.

5.3 Recomendações

A partir dos resultados do estudo, são feitas as seguintes recomendações aos beneficiários do crédito, à AMDI e às instituições financeiras participantes.

5.3.1 Recomendações aos beneficiários do crédito MiDA CDFO

1. Os beneficiários que não reembolsaram os seus empréstimos devem reembolsá-los para que

outros possam também beneficiar do fundo rotativo. Isto assegurará que os seus grupos e comunidades não sejam colocados na lista negra das instituições financeiras por incumprimento dos empréstimos. O reembolso antecipado dos empréstimos aumentaria o nível de confiança dos bancos nesses grupos, que estariam dispostos a conceder-lhes mais empréstimos.

2. Os grupos de beneficiários poderiam juntar-se para formar uma sociedade cooperativa ou uma empresa comum que poderia dedicar-se à produção conjunta ou pressionar para obter mais assistência para os seus membros.
3. Os beneficiários devem levar as actividades de grupo a sério e trabalhar arduamente para manter esses grupos. Os membros não devem reunir-se apenas para aceder a um empréstimo de um determinado programa e desmembrar o grupo após o fim desses programas.

5.3.2 Recomendações às instituições financeiras participantes

1. Os grupos remunerados devem ter a oportunidade de aceder a mais empréstimos para melhorar a sua produção.
2. Os procedimentos de processamento dos empréstimos devem ser revistos, uma vez que os requerentes se queixaram de que o processo era muito rigoroso e moroso.

5.3.3 Recomendações à MiDA

1. Os funcionários da MiDA devem visitar periodicamente os grupos para avaliar o seu desempenho.
2. O montante do crédito deve ser aumentado em projectos subsequentes, uma vez que a maioria dos candidatos afirmou que o montante não era suficiente.
3. O projeto deve ser alargado e sustentado para beneficiar outros agricultores.
4. Devem ser efectuados estudos suplementares para determinar o impacto do regime. Tal poderá revelar outras conclusões que o presente estudo não conseguiu apurar.

REFERÊNCIAS

Accion International. n.d. (2010). Measuring the impact of microfinance: A nossa *perspetiva.* http://www.accion.org/Document.Doc?id=794

Adebayo O.A., Ayinde I.A., Agbonlahor M.U., Mafimisabi T.E. (2004): Avaliação da utilização das tecnologias de informação e comunicação no desempenho económico das indústrias alimentares de base agrícola no sudoeste da Nigéria, em Okaneye. In: Evbuowan P.B., Evbuowan G.O. (eds.): Agribusiness in the African Century. Actas da Associação Africana de Gestão Agrícola, pp. 111-121.

Adegbite, D.A. (2009). Desempenho de reembolso dos beneficiários da Agência de Crédito Agrícola e Polivalente do Estado de Ogun (OSAMCA) no Estado de Ogun, (20042007). *American-Eurasian Journal of Sustainable Agriculture* 3 (1): pp117-125.

Adegeye, J.A., e Dittoh J.S. (1985). Essentials of Agricultural Economics. Impact publishers Nigeria ltd. Pp 137

Adejobi, O. e J. T. Atobatele (2008). An analysis of loan delinquency among smallscale farmers in southwestern Nigeria: Application of logit and loan performance indices. *East African Agricultural and Forestry Journal* 74 (3).

Agnet. (2004). Making farm credit work for the small-scale farmers. <<http://www.agnet.org/library/nc/145b/>>

Aluko, S.A. (1961). "Financing Economic Development in Nigeria" (Financiamento do desenvolvimento económico na Nigéria). Jornal Nigeriano de Estudos Económicos e Sociais. 3(1). Pp331.

Amiri, Soodabeh (2000). Female centered sustainable human development. Jornal de Economia Agrícola e do Desenvolvimento, n.º 9.

Azumah, S. B., e Atibila, E. N. (2006). Os efeitos do programa de microcrédito LACOSREP nos beneficiários do município de Bolgatanga. Dissertação de licenciatura. Universidade de Estudos para o Desenvolvimento, Tamale. (Não publicado)

Banihashem, Fani (1999). Mulheres rurais, educação, associação e participação. Revista Jihad da aldeia, 14 anos, n.º 310. p. 21.

Beierlein, J. G., e M. W. Woolverton (1991), *Agribusiness Marketing.* New Jersey: Prentice Hall, p.3.

Brett, J. (2006). We Sacrifice and Eat Less. The Structural Complexities of Microfinance Participation, ***Human Organisation,*** 65: 8-19.

Carney, D. (1998). "Changing Public and Private Roles in Agricultural Service Provision". ODI. Portland, Londres. Pp 90, pp61-67.

Carter, M. (1989). "The Impact of Credit on Peasant Productivity and Differentiation in Nicaragua". *Journal of Development Economics* 103: 13-36.

Carter, M. (1988). "Equilibrium Credit Rationing of Small Farm Agriculture", *Journal of Development Economics* 23. Pp 83-103.

Carter, M., Olinto, P., (2003). "Getting Institutions 'Right' for Whom? Credit Constraints and the Impact of Property Rights on the Quantity and Composition of Investment". *American Journal of Agricultural Economics* 85(1): 173-186.

Charitonenko, S. e Campion, A. (2003). Expanding Commercial Micro Finance in Rural Areas: Constraints andOpportunities . Disponível em: www.basis.wisc.edu/live/rfc/cs 05a.pdf

Dicionário Conciso de Oxford (2008). Oxford University press. Editado por Catherine Soanes e Angus Stevenson.

Conning, J. e Udry, C. (2005). "Rural Financial Markets in Developing Countries". Em *The Handbook of Agricultural Economics,* Vol. 3, Agricultural Development: Farmers, Farm Production and Farm Markets, editado por R. Evenson, P. Pingali e T. Schultz. Holanda do Norte: Elsevier.

Grupo Consultivo de Assistência aos Mais Pobres (CGAP). (1996b). "Regulation and Supervision of Micro Financial Institutions: stabilizing a new Financial Market". CGAP Focus Note 4. Banco Mundial, Washington, D.C.

Cuong, N. V. (2008). Is a Government Micro-credit Program for the Poor Really Propoor? Evidence from Vietnam, ***The Developing Economies,*** XLVI-2: 151-187.

Banco de Desenvolvimento da África do Sul (2005). Relatório de Desenvolvimento 2005, Agricultura na Segunda Economia da África do Sul (capítulo 7), W.dbsa.org/document/development report/dev.

Downey W.D. e Erickson S.P. (1987): Agribusiness Management. McGraw-Hill Inc., Nova Iorque.

Duong, P. e Izumida, Y. (2002). "Rural Development Finance in Vietnam: A Microeconometric Analysis of Household Surveys". *World Development* 30(2): 319335.

Enciclopédia Encarta Standard (edição de 2004).

Ewusi, K. (1990). Towards food self sufficiency in West Africa (Rumo à autossuficiência alimentar na África Ocidental). Ghana Publishing Corporation. Tema. pp 142-158.

FAO (2000). Sítio Web: http://www.FAO.org.

Feder, G., Lau, L., Lin, J., Luo, X. (1990). "The Relationship between Credit and Productivity in Chinese Agriculture: A Microeconomic Model of Disequilibrium". *American Journal of Agricultural Economics* 72(5): 1151-1157.

Feijo, R.L.C. (2001). O impacto de um programa de crédito para a agricultura familiar na economia rural do Brasil . <<http://www.anpec.org.br/encontro2001/artigos/200105070.pdf>> Acedido em 3 de agosto de 2010.

Foltz, J. (2004). "Credit Market Access and Profitability in Tunisian Agriculture". *Agricultural Economics* 30: 229-240.

Freeman, H., Ehui, S., Jabbar, M., (1998). "Credit Constraints and Smallholder Dairy Production in the East African Highlands: Application of a Switching Regression Model". *Agricultural Economics* 19: 33-44.

Guirkinger, C. e Boucher, S., (2008). "Credit Constraints and Productivity in Peruvian Agriculture" [Restrições de crédito e produtividade na agricultura peruana]. *Agricultural Economics* 39: 295-308.

Hulme, D. e Mosley, P (1996) Finance Against Poverty, volumes 1 e 2, Londres: Routledge

Ingham, G. (2004). The Nature of Money. Polity Press.

Fundo Internacional para o Desenvolvimento Agrícola (2001). "Thematic Study on Rural Financial Services in China" (Estudo Temático sobre Serviços Financeiros Rurais na China). Relatório nº 1147-CN Rev.1

IPRI (1994). Impact of Credit in improving incomes and household food security and in alleviating poverty in Malawi. Pp 1-5.

Karim, L. (2008). Demystifying Micro-credit: the Grameen Bank, NGOs and Neoliberalism in Bangladesh, ***Cultural Dynamics,*** 20: 5-19.

Khandker, Shahidur (2001). *Does Micro-finance really benefit the Poor? Evidence from Bangladesh.* Documento apresentado no Fórum da Ásia e do Pacífico sobre a Pobreza: Reforming Policies and Institutions for Poverty Reduction, organizado pelo Banco Asiático de Desenvolvimento. Manila.

Khandker, Shahidur R. (1998). *Fighting Poverty with Microcredit: Experience in Bangladesh.* Oxford University Press, Inc. Nova Iorque.

Kochar, A. (1997). "Does Lack of Access of Formal Credit Constrain Agricultural Production? Evidence from the Land Tenancy Market in Rural India". *American Journal of Agricultural Economics* 79 (3): 754-763.

Ledgerwood, J. (1999). Sustainable Banking with the Poor. Micro financial Handbook: Uma perspetiva institucional e financeira. Pp1.

Littlefield, E., Murduch, J. e Hashemi, S. (2003). Is Microfinance an Effective Strategy to Reach the

Millennium Development Goals?, Focus Note Series no. 24. Washington: CGAP -Consultative Group to Assist the Poor.

M., Otero (1999). "New Development Finance", Universidade Goethe em Frankfurt, setembro de 1999. IPC, Universidade do Estado de Ohio e Universidade Goethe.

McCulloch, Neil e Bob Baulch (2000). *Simulating the impact of Policy upon Chronic and Transitory Poverty in Rural Pakistan (Simulação do impacto da política sobre a pobreza crónica e transitória no Paquistão rural).* Journal of Development Studies. 36 (6)

Microsoft Encarta Encyclopedia Standard. (2004).

Miler F. (1977), Agricultural credit and Finance in Africa. Fundação Rockefeller, E.U.A.

Mohammad A. et al (2011). Importância dos créditos para as mulheres rurais. American Science Journal. Vol 2011: 7(2)

Nweze N.J. (1991) The Role of Women Traditional Savings and Credit Co-operative in Small Holder Farm Development in: Ogits, C.A (eds) Issues in Africa Rural Development, pp 234-236.

Oji, K.O. n.d. Policy needs in the microfinance sector: The missing angle. Em *Policy Challenges for Microfinance Design and Practice in Nigeria, Enugu Forum Policy Paper* eds. Eboh, E.C., S. Ukeje, C. Ibe, and K. Ikpo. Instituto Africano de Economia Aplicada. <<http://www.aiaenigeria.org/Publications/Policypaper7. pdf>>

Okojie, C., A. Monye-Emina, K. Eghafona, G. Osaghae, e J.O. Ehiakhamen (2010). Institutional environment and access to microfinance by self-employed women in the rural areas of Edo State.

NSSP Brief No. 14. Washington. D.C.: Instituto Internacional de Investigação sobre Políticas Alimentares.

Oladeebo J. O. e Oladeebo O. E. (2008). Determinantes do reembolso de empréstimos entre os pequenos agricultores na zona agrícola de Ogbomoso do Estado de Oyo, Nigéria J. Soc. Sci., 17(1): 59-62

Olayide S.O., Heady E.O. (1982): Introdução à economia da produção agrícola. Ibadan University Press, Ibadan, pp. 26-46.

Oluwalana E.O.A., Okuneye P.A., Sokoya G.O. (2004): Micro-crédito para o desenvolvimento agrícola: Um estudo de grupos de mulheres no Estado de Ogun, Nigéria. In: Okuneye P.B., Evbuomwan G.O. (eds.): Agribusiness in the African Century. Actas da Associação Africana de Gestão Agrícola, pp. 254-264.

Opeolu B.O., Oluwalana E.O.A. (2004): Saúde Ambiental e Avaliação Económica da Indústria de Processamento de Mandioca de Pequena e Média Escala no Estado de Ogun, Nigéria. In: Okuneye P.B., Evbuomwan G.O. (eds.): Agribusiness in the African Century. Actas da Associação Africana de Gestão Agrícola, pp. 313-327.

Oyeyinka, R.A. e K.K. Bolarinwa (2009). Using Nigeria Agricultural Cooperative and Rural Development Bank Small Holder Direct Loan Scheme to increase agricultural production in rural Oyo State, Nigeria. *Revista Internacional de Economia Agrícola e Desenvolvimento Rural* 2 (1).

Phillip, D., E. Nkonya, J. Pender, e O.A. Oni (2009). Constraints to increasing agricultural productivity in Nigeria: A *review*. Programa de Apoio à Estratégia da Nigéria (NSSP) Documento de referência n.º NSSP 006.

Quarshie, L. K. J., e Antwi, S. (2000). Impacto do Crédito Amasachina sobre os Beneficiários no Distrito de Gushegu-Karaga, Região Norte, Gana. Dissertação de licenciatura. Universidade de Estudos para o Desenvolvimento, Tamale (não publicado).

Rahji, M.A.Y., e S. A. Fakayode (2009). A multinomial logit analysis of agricultural credit rationing by commercial banks in Nigeria (Uma análise logit multinomial do racionamento do crédito agrícola pelos bancos comerciais na Nigéria). *International Research JournalofFinanceandEconomics* ,

24:

91. http://www.euroj ournals.com/finance.htm;

Rahmani Andalibi S (2001). "Necessidade, princípios, mecanismos e vantagens dos programas de microcrédito no desenvolvimento de pequenas empresas e na melhoria das mulheres rurais". Actas da Conferência Volume II do microcrédito das mulheres rurais e promoção da participação das pessoas. Ministério Adjunto da Agricultura - Gabinete dos Assuntos da Mulher em colaboração com a Universidade Al-Zahra. Universidade, Banco Agrícola, Teerão.

Sadhu, A.N., e Singh, A. (1995). Fundamentals of Agricultural Economics. Himalaya publications. Índia, Deli. Pp 156-327.

Shuttleworth, Martyn (2008). Survey Research Design. Recuperado de Experiment Resources: http://www.experiment-resources.com/survey-research-design.html

Sial, M. e Carter, M. (1996). "Financial Market Efficiency in an Agrarian Economy: Microeconometric Analysis of the Pakistani Punjab". *Journal of Development Studies* 32(5): 771-798.

Simanowitz e Brody (2004). Realising the potential of microfinance, id21 insights, dezembro, Número -51

Stiglitz, J. E. e A. Weiss (1981). "Credit Rationing in Markets with Imperfect Information", *American Economic Review* 71, 393-419.

Sullivan, Arthur e Steven M. Sheffrin (2003). *Economia: Principles in action.* Upper Saddle River, New Jersey 07458: Pearson Prentice Hall. pp. 512. ISBN 0-13 063085-3.

UNICEF, (1997). Sítio Web: http://www.unicef.org

Nações Unidas (2000). Microfinance and Poverty Eradication: Strengthening Africa's Microfinance Institutions (Nova Iorque, Nações Unidas)

Nações Unidas (2005), Documento concetual: Building Inclusive Financial Sectors to Achieve the Millennium Development Goals (Ano Internacional do Microcrédito, Nações Unidas, 2005)

Weber, H. (2002). The Imposition of a Global Development Architecture: The Example of Micro-credit, ***Review of International Studies***, 28: 537-555.

Banco Mundial - Região de África (1999). Studies in Rural and Micro Finance: Financial Services for Women Entrepreneurs in the Informal Sector of Ghana. Banco Mundial, Nova Iorque.

www.wikipedia.org/wiki/credit

Wright, Graham A. N. (2000). *Microfmance Systems: Designing Quality Financial Services for the Poor.* Zed Books Ltd. Londres e Nova Iorque, e University Press Limited, Dhaka.

Zaman, Hassan (2000). *Avaliação do impacto do microcrédito sobre a pobreza e a vulnerabilidade no Bangladesh: um estudo de caso do BRAC.* World

Banco. www.worldbank.org/html/dec/Publications/Workpapers/wps2000series/wps2145/wps2145.pdf

Zeller, M., Diagne, A., Mataya, C. (1998). "Market Access by Smallholder Farmers in Malawi: Implications for Technology Adoption, Agricultural Productivity and Crop *Income" Agricultural Economics* 19: 219-229.

Zeller, M., Schrieder, G., Von, J.B. e Heidhues, F. (1997). Rural finance for food security. Implications for Research and Policy. Food Policy Review No.4. Washington D.C. IFPRI.

APÊNDICES

Apêndice 1: Modelo de questionário para os inquiridos

KWAME NKRUMAH UNIVERSITY OF SCIENCE AND TECHNOLOGY
INSTITUTE OF DISTANCE LEARNING
COMMONWEALTH EXECUTIVE MASTER BUSINESS ADMINISTRATION

Efeitos do crédito na agroindústria no norte do Gana: Um caso do
esquema de crédito MiDA CDFO
em empresas seleccionadas na metrópole de Tamale

Questionário para recolha de dados primários junto dos beneficiários

INFORMAÇÕES GERAIS

Data: ....Nome do inquirido ....

1. Sexo: Masculino [ ] Feminino [ ]
2. Idade: (i) 21-30 [ ] (ii) 31-40 [ ] (iii) 41-50 [ ] (iv) 51-60 [ ] (v) mais de 60[ ]
3. É o chefe de família? Sim [ ] Não [ ]
4. Estado civil: (I) Solteiro [ ] (ii) Casado [ ] (iii) Viúvo [ ] (iv) Viúva [ ] (v) Separado [ ]
5. Habilitações literárias: (i) Ensino básico [ ] (ii) SHS/Post Sec [ ]
   (iii) Ensino superior [ ] (iv) Sem educação formal [ ] (v) Outros (especificar)
6. Principal atividade agroindustrial/ocupação: (i) Agricultor [ ] (ii) Transformação de arroz [ ] (iii)
   Transformação de manteiga de karité [ ] (iv) Outros (especificar) ....
7. Dimensão da família: (i) 1-3 [ ] (ii) 4-6 [ ] (iii) 7-10 [ ] (iv) Mais de 10 [ ]
8. Nome da comunidade: ....
9. Nome do grupo (se existir): ....
10. Tamanho do grupo: ....

PRIMEIRO OBJECTIVO: Acessibilidade ao crédito

11. Solicitou o crédito? Sim [ ] Não [ ]
12. Foi difícil obter o crédito? Sim [ ] Não [ ]
13. Em caso afirmativo em (12), quais foram os impedimentos: ....

14. Quantas vezes recebeu a linha de crédito? (i) Uma vez [ ] (ii) Mais de uma vez [ ]

OBJECTIVO DOIS: Modo de concessão de crédito

15. De que forma lhe foi entregue o crédito? (i) Individualmente [ ] (ii) Em grupo [ ]

OBJECTIVO TRÊS: Oportunidade e adequação do crédito concedido aos beneficiários

16. Em que altura do ano inicia normalmente a sua produção ou atividade?

    (i) Jan-Mar (ii) Abr-Jun (iii) Jul-Sep (iv) Out-Dez (v) Todo o ano

17. Em que altura do ano recebeu o empréstimo?

    (i) Jan-Mar [ ] (ii) Abr-Jun [ ] (iii) Jul-Sep [ ] (iv) Out-Dez [ ] (v) Todo o ano [ ]

18. O momento em que recebeu o crédito é adequado à sua atividade? Sim [ ] Não [ ]

19. Em caso de resposta negativa ao ponto (18), qual é, na sua opinião, a altura certa para o desembolso do crédito?

    (i) Jan-Mar [ ] (ii) Abr-Jun [ ] (iii) Jul-Sep [ ] (iv) Out-Dez [ ] (v) Todo o ano [ ]

20. Quanto é que recebeu de empréstimo do regime nos anos seguintes?

Ano	Montante do empréstimo recebido (GHC)
2009	
2010	
2011	
Montante total (GHC)	

21. O(s) montante(s) era(m) adequado(s) à(s) sua(s) atividade(s)? Sim [ ] Não [ ]

22. Em caso de resposta negativa ao ponto (21), porquê?................................

OBJECTIVO QUATRO: Efeitos do crédito sobre o consumo/despesa, o rendimento, a expansão das empresas e a poupança.

A. Expansão da atividade

23. Quanto tempo, em horas, dedica diariamente à sua atividade?...................

24. Quantas pessoas poderia empregar antes de receber o crédito?

    (i) 1-3 [ ] (ii) 4-6 [ ] (iii) 7-10 [ ] (iv) Mais de 10 [ ] (v) Nenhum [ ]

25. Quantas pessoas emprega atualmente?

    (i) 1-3 [ ] (ii) 4-6 [ ] (iii) 7-10 [ ] (iv) Mais de 10 [ ] (v) Nenhum [ ]

26. A sua empresa expandiu-se desde que recebeu o crédito MiDA CDFO? Sim [ ] Não [ ]

27. Em caso de resposta afirmativa ao ponto 26, de que forma (s)? (i) Aumento do capital [ ] (ii) Maior emprego

    trabalho [ ] (iii) Aquisição de mais activos [ ] (iv) Outros (especificar) ....

28. Antes do crédito, qual era a vossa produção média mensal (em quantidade)?
29. Qual é a sua produção média mensal atual (em quantidade)? ....
30. Quanto dinheiro ganha com a venda de toda a sua produção num mês? GHC....
31. Tinha algum património antes do crédito? Sim [ ] Não [ ]
32. Os seus activos aumentaram ou diminuíram agora? (i) Aumentou [ ] (ii) Diminuído [ ]
33. Se aumentou em (32), que activos adquiriu após o crédito? (i) automóvel [ ] (ii) moto [ ] (iii) uma casa [ ] (iv) utensílios de cozinha [ ] (v) outros (especificar) ....
34. Se diminuiu em (32), porquê? ....

35. Conseguiu aumentar a sua infraestrutura para a sua atividade atual? Sim [ ] Não [ ]

B. Rendimento do agregado familiar

36. Quanto é que o grupo recebeu do regime no seu último ano? GHC.............
37. Quanto é que recebeu sozinho? GHC ....
38. O seu rendimento melhorou desde a obtenção da ajuda ao crédito? Sim [ ] Não [ ]
39. Em caso afirmativo no ponto (38), que provas apresentaria para apoiar a sua afirmação? (i) Aumentou o capital [ ] (ii) Empregou mais mão de obra [ ] (iii) Adquiriu mais activos [ ] (iv) Alimenta-se três vezes por dia (v) Outros (especificar)............................
40. Em caso negativo em (38), porquê? ....
41. Tem outra(s) fonte(s) de rendimento para além da sua atividade principal? Sim [ ] Não [ ]
42. Em caso afirmativo no ponto 41, quais são?

Fonte de rendimento (GHC)	**montante mensal médio**
i. Agricultura	
ii. Comércio	
iii. Transformação de	
iv. Transformação da	
v. Remessas	
vi. Outros (especificar)	
	TOTAL = GHC

C. Poupança das famílias

43. Tem uma conta bancária/poupança? Sim [ ] Não [ ]

44. Poderia poupar algum dinheiro antes de receber o crédito? Sim [ ] Não [ ]

45. Em caso de resposta afirmativa à questão (44), quanto poderia poupar num mês? (i) 1-20 GHC [ ] (ii) 2140 GHC [ ] (iii) 41-60 [ ] (iv) 61-80 GHC [ ] (v) 81-100 GHC [ ] (vi) mais de 100 GHC [ ]

46. Atualmente, poupa? Sim [ ] Não [ ]

47. Em caso de resposta afirmativa ao ponto 46, quanto é que consegue poupar num mês?
(i) 1-20 GHC [ ] (ii) 21-40 GHC [ ] (iii) 41-60 [ ] (iv) 61-80 GHC [ ]
(v) 81-100 GHC [ ] (vi) acima de 100 GHC [ ]

48. Se "não" em (46), porquê? ....

D. Despesas/consumo do agregado familiar

49. Quem sustenta este agregado familiar?...

50. Quantas vezes come num dia neste agregado familiar?
(i) uma vez [ ] (ii) duas vezes [ ] (iii) três vezes [ ] (iv) mais de três vezes [ ]

51. Antes de receber o crédito, quantas vezes comia diariamente neste HH?
(i) uma vez [ ] (ii) duas vezes [ ] (iii) três vezes [ ] (iv) mais de três vezes [ ]

52. Quanto é que o agregado familiar gasta num mês com os seguintes artigos?

Item	**Montante (GHC)**
Alimentação	
Vestuário	
Cuidados de saúde	
Aluguer	
Educação	
Transporte	
Outras necessidades sociais	
Total	

53. Podia gastar nos artigos acima referidos antes do crédito? Sim [ ] Não [ ]

54. Em caso afirmativo em (52), qual o montante?

Item	**Montante (GHC)**
Alimentação	
Vestuário	
Cuidados de saúde	
Aluguer	
Educação	
Transporte	

Outras necessidades sociais	
Total	

55. O crédito melhorou ou piorou os seus meios de subsistência?
    (i) Melhorou [ ] (ii) Piorou [ ]
56. Está satisfeito com o fim do programa MiDA CDFO? Sim [ ] Não [ ]
57. Que comentários gerais tem a fazer sobre o projeto?

UNIVERSIDADE KWAME NKRUMAH DE CIÊNCIA E TECNOLOGIA

INSTITUTO DE ENSINO À DISTÂNCIA

COMMONWEALTH EXECUTIVE MASTER BUSINESS ADMINISTRATION

Efeitos do crédito na agroindústria no norte do Gana: Um caso do esquema de crédito MiDA CDFO em empresas seleccionadas na metrópole de Tamale

Questionário para a recolha de dados primários junto do Gabinete Zonal da MIDA e dos bancos parceiros

1. Nome da instituição:..
2. Sob que forma foi o crédito concedido à beneficiários?......................................
3. No total, quantos grupos receberam o crédito na metrópole de Tamale.........
4. Quais são as condições de acesso ao crédito?..

5. Que critérios foram utilizados para selecionar os beneficiários?...................

6. Quanto tempo é que os beneficiários demoraram a receber o empréstimo depois de o terem solicitado? ....
7. Como é que recuperou o crédito?...
8. Qual foi a taxa de recuperação do crédito? ....
9. Que sanções foram aplicadas aos beneficiários em caso de incumprimento ou de atraso de pagamento?

10. Avaliaram os efeitos do regime de crédito MiDA CDFO? Sim [ ] Não [ ]
11. Em caso afirmativo no ponto (10), quais foram as suas conclusões? ....

Apêndice 2: Despesas mensais das famílias antes do crédito

Amount (GHC)	Frequency	Percent	Valid Percent	Cumulative Percent
100	1	0.8	0.8	0.8
115	1	0.8	0.8	1.7
120	1	0.8	0.8	2.5
125	1	0.8	0.8	3.3
130	2	1.7	1.7	5
145	2	1.7	1.7	6.7
151	1	0.8	0.8	7.5
155	1	0.8	0.8	8.3
165	1	0.8	0.8	9.2
180	1	0.8	0.8	10
185	2	1.7	1.7	11.7
190	2	1.7	1.7	13.3
195	1	0.8	0.8	14.2
200	6	5	5	19.2
205	1	0.8	0.8	20
210	10	8.3	8.3	28.3
215	2	1.7	1.7	30
220	3	2.5	2.5	32.5
224	1	0.8	0.8	33.3
230	13	10.8	10.8	44.2
234	1	0.8	0.8	45
240	8	6.7	6.7	51.7
245	5	4.2	4.2	55.8
250	14	11.7	11.7	67.5
255	1	0.8	0.8	68.3
260	3	2.5	2.5	70.8
264	1	0.8	0.8	71.7
265	1	0.8	0.8	72.5
270	4	3.3	3.3	75.8
280	1	0.8	0.8	76.7
285	1	0.8	0.8	77.5
300	3	2.5	2.5	80
310	1	0.8	0.8	80.8
315	1	0.8	0.8	81.7
340	1	0.8	0.8	82.5
420	1	0.8	0.8	83.3
450	1	0.8	0.8	84.2
470	11	9.2	9.2	93.3
720	8	6.7	6.7	100
Total	**120**	**100**	**100**	

Apêndice 3: média mensal atual das despesas das famílias

Amount (GHC)	Frequency	Percent	Valid Percent	Cumulative Percent
180	1	0.8	0.8	0.8
185	1	0.8	0.8	1.7
200	1	0.8	0.8	2.5
210	7	5.8	5.8	8.3
220	1	0.8	0.8	9.2
230	6	5	5	14.2
240	1	0.8	0.8	15
245	1	0.8	0.8	15.8
250	2	1.7	1.7	17.5
255	1	0.8	0.8	18.3
260	1	0.8	0.8	19.2
272	1	0.8	0.8	20
275	1	0.8	0.8	20.8
280	1	0.8	0.8	21.7
285	1	0.8	0.8	22.5
290	8	6.7	6.7	29.2
292	2	1.7	1.7	30.8
295	7	5.8	5.8	36.7
300	7	5.8	5.8	42.5
302	1	0.8	0.8	43.3
310	6	5	5	48.3
325	2	1.7	1.7	50
330	14	11.7	11.7	61.7
345	2	1.7	1.7	63.3
350	4	3.3	3.3	66.7
352	3	2.5	2.5	69.2
360	1	0.8	0.8	70
400	5	4.2	4.2	74.2
417	1	0.8	0.8	75
420	1	0.8	0.8	75.8
422	1	0.8	0.8	76.7
424	1	0.8	0.8	77.5
450	1	0.8	0.8	78.3
455	1	0.8	0.8	79.2
470	1	0.8	0.8	80
532	1	0.8	0.8	80.8
550	6	5	5	85.8
560	5	4.2	4.2	90
570	1	0.8	0.8	90.8
610	1	0.8	0.8	91.7

660	1	0.8	0.8	92.5
680	1	0.8	0.8	93.3
750	8	6.7	6.7	100
Total	**120**	**100**	**100**	

Apêndice 4: montante do empréstimo recebido

Loan Amount (GHC)	Frequency	Percent	Cumulative Percent
250	40	33.3	33.3
315	35	29.2	62.5
1,226.00	15	12.5	75
1,600.00	6	5	80
1,700.00	1	0.8	80.8
2,000.00	1	0.8	81.7
2,060.00	15	12.5	94.2
2,100.00	4	3.3	97.5
2,700.00	1	0.8	98.3
2,800.00	1	0.8	99.2
3,700.00	1	0.8	100
Total	**120**		

Apêndice 5: Rendimento mensal médio de outras fontes

Income (GHC)	Frequency	Percent	Cumulative Percent
40	2	1.7	2
50	8	6.7	10
60	6	5	16
65	1	0.8	17
67	1	0.8	18
70	3	2.5	21
80	8	6.7	29
90	8	6.7	37
100	5	4.2	42
105	6	5	48
110	9	7.5	57
120	1	0.8	58
140	1	0.8	59
150	2	1.7	61
159	1	0.8	62
170	1	0.8	63
190	1	0.8	64
200	3	2.5	67
210	1	0.8	68
234	1	0.8	69
240	1	0.8	70
245	1	0.8	71
250	2	1.7	73
280	1	0.8	74
300	3	2.5	77
400	4	3.3	81
450	2	1.7	83
500	15	12.5	98
650	1	0.8	99
700	1	0.8	100
Total	**100**	**83.3**	
missing System	20	16.7	
	120	**100**	

MIX
Papier aus verantwortungsvollen Quellen
Paper from responsible sources
FSC® C105338

Printed by Books on Demand GmbH, Norderstedt / Germany